高等院校计算机专业教材

数字图像处理基础
及OpenCV实现

张广渊　王爱侠　王　超　主编

知识产权出版社

全国百佳图书出版单位

图书在版编目（CIP）数据

数字图像处理基础及 OpenCV 实现 / 张广渊，王爱侠，王超主编.
—北京： 知识产权出版社， 2014.12
　　ISBN 978-7-5130-3166-0

　　Ⅰ.①数… Ⅱ.①张… ②王… ③王… Ⅲ.①数字图像处理 Ⅳ.①TP391.41

中国版本图书馆CIP数据核字（2014）第269306号

内容提要

本书全面系统地介绍了数字图像处理的基本概念和原理，详细介绍了VS2005的基本用法及 OpenCV 在 VS2005 上的配置流程，给出了利用 VS2005 和 OpenCV 进行数字图像处理常见算法的C++代码。本书将数字图像处理的基本原理与具体实践相结合，不仅让读者能够对数字图像处理的原理有深刻的理解，也为读者迅速掌握当下最流行的数字图像处理工具OpenCV打下良好的基础。本书可作为高等院校计算机相关专业本科生和研究生的教材，也可作为其他从事数字图像处理行业人员的参考资料。

本书内容丰富、讲解详尽、可读性强，所设计的示例程序均为经典的数字图像处理算法，程序编写规范，并附有详细的程序注释，能够满足读者在掌握理论的同时进行手动训练的需要。

　　责任编辑：许　波

高等院校计算机专业教材

数字图像处理基础及 OpenCV 实现
SHUZI TUXIANG CHULI JICHU JI OpenCV SHIXIAN
张广渊　 王爱侠　 王　超　 主编

出版发行：知识产权出版社 有限责任公司　　网　　址：http://www.ipph.cn
电　　话：010－82004826　　　　　　　　　　　　　　　 http://www.laichushu.com
社　　址：北京市海淀区马甸南村1号　　　　　邮　　编：100088
责编电话：010－82000860转8363　　　　　　 责编邮箱：xbsun@163.com
发行电话：010－82000860转8101／8029　　　 发行传真：010－82000893／82003279
印　　刷：三河市国英印务有限公司　　　　　　经　　销：各大网上书店、新华书店及相关专业书店
开　　本：787mm×1000mm　 1/16　　　　　　
版　　次：2014年12月第1版　　　　　　　　　印　　张：19.5
字　　数：300千字　　　　　　　　　　　　　 印　　次：2015年 8月第2次印刷
　　　　　　　　　　　　　　　　　　　　　　 定　　价：48.00元

ISBN 978－7－5130－3166－0

前　言

　　图像是人类获取和交换信息的主要工具，数字图像处理就是利用计算机对图像进行各种处理的技术和方法。20世纪20年代，图像处理首次得到应用，60年代末，图像处理技术经过不断完善，已逐渐成为一个新兴的学科。利用数字图像处理技术能够有效改善图像的质量，或者从图像中提取有用的信息。目前，数字图像处理技术已经在很多领域有着广泛的应用，如通信技术、遥感技术、生物医学、工业生产、计算机科学等。

　　基于这一现状，本书着重介绍了常见的数字图像处理方法，以便读者能够对数字图像处理有更加深入的理解。本书主要适用于具备数字图像理论基础和基本计算机软件编程能力的读者。

　　有感于部分教材仅注重理论介绍，缺乏示例程序的现状，本书力图在介绍数字图像处理基础理论的同时，结合具体实际，详细阐述以 Visual Studio 2005（VS2005）和 OpenCV 为主要工具的软件实践方法，做到理论和实际相结合，使读者不仅能够掌握数字图像处理理论，同时也能够掌握基本的数字图像处理软件开发技术，真正做到学以致用。

　　全书共分为11章。第1章阐述了数字图像处理的相关概念和研究内容，简要介绍了 VC++ 和 OpenCV 开发工具；第2章介绍了在 VS2005 中如何创建项目与解决方案，以及基本控件的用法；第3章介绍了 OpenCV 的安装与配置；第4章介绍了颜色的描述和度量，着重阐述了图像信息的数字化，以及常见的图像格式和视频格式；第5章从图像的形状、位置等角度阐述了图像的几何变换，以及图像的基本运算；第6章介绍了图像增强的目的和意义，以及常见的图像增强方法；第7章针对图像获取和传输过程中产生的噪声，介绍了常用的去噪滤波方法；第8章介绍了图像锐化方法，以便增强图像中物体的边缘，着重介绍了一阶微分法和二阶微分法；第9章介绍了三种常用的图像分割方法；第10章介绍了二值图像特征分析中的基础概念，并着重阐述了二值图像的形状特征提取与分析问题；第

11章在介绍色度学基础和颜色模型的基础上，详细介绍了常见的彩色图像处理方法。

此外，针对本书中介绍的数字图像处理方法，在理论介绍的同时，给出了相应的C++代码实现，读者可以参考这些代码，实际动手查看各种方法的处理效果，从而激发读者的学习兴趣。

本书第1章到第3章由黑龙江大学信息与网络建设管理中心王超编写，第4章、第5章由东北大学王爱侠编写，第11章由王爱侠和王超共同编写，第6章、第9章由山东交通学院王朋编写，第7章、第8章由山东交通学院倪翠编写，第10章由山东交通学院李克峰编写，山东交通学院肖海荣、朱振方、司冠南、武华、倪燃、杨光和刘洋也参与了编写工作，并测试了各章的程序代码。全书由山东交通学院张广渊统稿。

由于作者水平有限，在本书编写过程中难免出现错误和疏漏，恳请广大读者予以批评指正。

编　者

2014年11月

目　录

第1章　引　言

1.1 数字图像处理概述

数字图像处理（Digital Image Processing），是指用计算机或其他数字技术将图像信号转换成数字信号并对其进行处理的过程。

数字图像处理最早出现于20世纪50年代，当时的电子计算机已经发展到一定水平，人们开始利用计算机来处理图形和图像信息。数字图像处理作为一门学科约形成于20世纪60年代初期。早期图像处理的目的是改善图像的质量，它以人为对象，以改善人的视觉效果为目的。图像处理中，输入的是质量低的图像，输出的是改善质量后的图像。常用的数字图像处理方法有图像增强、复原、编码、压缩等。数字图像处理早期应用是对航天探测器发回的图像进行各种处理。到了20世纪70年代，数字图像处理技术的应用迅速从宇航领域扩展到生物医学工程、工业检测、机器人视觉、公安司法、军事制导、文化艺术等各个领域和行业，成为一门引人注目、前景远大的新型学科，对经济、军事、文化以及人们的日常生活产生了重大影响。

数字图像处理的重要性源于以下两个方面：

一是可以改善图像信息以便人们对图像进行解释，如图像增强、图像平滑和去噪、图像锐化等技术。这些技术针对给定的图像，有目地强调图像的整体或局部特性，将原来不清晰的图像变得清晰或强调某些感兴趣的特征，扩大图像中不同物体特征之间的差别，抑制不感兴趣的特征，使之改善图像质量、丰富信息量，加强图像判读和识别效果。

二是为存储、传输和分析而对图像进行处理，如图像编码、图像分割、目标识别等技术。这些技术要么对图像数据进行压缩，在保证图像质量的情况下减少数据量，节省图像存储空间和在传输过程中所占用的网络资源；要么将图像分成若干个特定的、具有独特性质的区域，并提取出感兴趣的目标，这是由图像处理到图像分析的关键步骤。

数字图像处理技术是伴随着计算机信息功能的日益强大以及人们对高精度图像的需求而产生的，随着社会的发展，尤其是计算机信息技术的进步，数字图像处理技术和其他多门学科相互结合、相互渗透，已经应用于越来越多的领域，其重要性也变得日益突出。

1.1.1 数字图像的概念

一幅图像可以定义为一个二维函数 $f(x,y)$，其中，x 和 y 是空间坐标，f 表示图像在 (x,y) 处的强度值或灰度值。当 x、y 和 $f(x,y)$ 的值都是有限的离散数值时，称该图像为数字图像。数字图像是由有限数量的元素组成的，每个元素都有一个特定的位置和幅值，称这些元素为像素。一幅数字图像就是由一系列的像素点组成的，如图 1-1 所示。

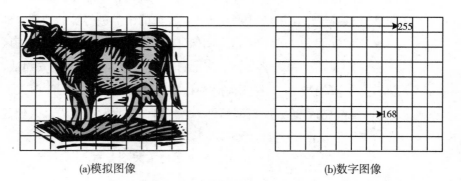

(a)模拟图像   (b)数字图像

图1-1　模拟图像及对应的数字图像

在图1-1(b)中，每个小方格就代表一个像素，赋予该像素的值就反映了模拟图像上对应位置处的亮度值。

1.1.2 数字图像处理的研究范畴

数字图像处理的研究范畴主要有以下几个方面：

（1）图像变换。由于图像阵列很大，直接在空间域中进行处理，涉及的计算量很大。因此，往往采用各种图像变换的方法，如傅里叶变换、沃尔什变换、离散余弦变换等间接处理技术，将空间域的处理转换为变换域处理，不仅可减少计算量，而且可以获得更为有效的处理（如傅里叶变换可在频域中进行数字滤波处理）。目前新兴研究的小波变换在时域和频域中都具有良好的局部化特性，它在图像处理中也有着广泛而有效的应用。

（2）图像压缩。图像压缩技术可减少描述图像的数据量（即比特数），从而节省图像传输、处理时间和所占用的存储器容量。图像压缩可以在不失真的前提下获得，也可以在允许的失真条件下进行。图像编码是图像压缩技术中最为重要的方法，它在图像处理技术中是发展最早且比较成熟的技术。

（3）图像增强和复原。图像增强和复原的目的是为了提高图像的质量，如去除噪声、提高图像的清晰度等。图像增强不考虑图像降质的原因，突出图像中所感兴趣的部分。如强化图像高频分量，可使图像中物体轮廓清晰，细节明显；而强化低频分量可减少图像中噪声影响。图像复原要求对图像降质的原因有一定的了解，一般应根据降质过程建立"降质模型"，再采用某种滤波方法，恢复或重建原来的图像。

（4）图像分割。图像分割是数字图像处理中的关键技术之一。图像分割是将图像中有意义的特征部分提取出来，这些特征包括图像中的边缘、区域等，这是进一步进行图像识别、分析和理解的基础。虽然目前已研究出不少边缘提取、区域分割的方法，但还没有一种普遍适用于各种图像的有效方法。因此，对图像分割的研究还在不断深入之中，是目前图像处理中研究的热点之一。

（5）图像描述。图像描述是图像识别和理解的必要前提。作为最简单的二值图像可采用几何特性描述物体的特性，一般图像的描述方法采用二维形状描述，它有边界描述和区域描述两类方法。对于特殊的纹理图像可采用二维纹理特征描述。随着图像处理研究的深入发展，已经开始进行三维物体描述的研究，提出了体积描述、表面描述、广义圆柱体描述等方法。

（6）图像识别。图像识别属于模式识别的范畴，主要内容是研究图像经过某些预处理（增强、复原、压缩）后，进行图像分割和特征提取，从而进行判决分类。图像识别常采用经典的模式识别方法，有统计模式分类和句法（结构）模式分类，近年来新发展起来的模糊模式识别和人工神经网络模式分类在图像识别中也越来越受到重视。

1.1.3 数字图像处理的特点

数字图像处理是利用计算机的计算功能，实现与光学系统模拟处理相同效果的过程。数字图像处理具有如下特点：

（1）处理精度高，再现性好。利用计算机进行图像处理，其实质是对图像数据进行各种运算。由于计算机技术的飞速发展，计算精度和计算的正确性都毋庸置疑；另外，对同一图像用相同的方法处理多次，也可得到完全相同的效果，具有良好的再现性。

（2）易于控制处理效果。在图像处理程序中，可以任意设定或变动各种参数，能有效控制处理过程，达到预期处理效果。这一特点在改善图像质量的处理中表现更为突出。

（3）处理的多样性。由于图像处理是通过运行程序进行的，因此，设计不同的图像处理程序，可以实现各种不同的处理目的。

（4）图像数据量庞大。图像中包含有丰富的信息，可以通过图像处理技术获取图像中包含的有用信息，但是，数字图像的数据量巨大，一幅数字图像是由图像矩阵中的像素组成的。通常每个像素用红、绿、蓝三种颜色表示，每种颜色用 8bit 表示灰度级，则一幅 1024×1024 不经压缩的真彩色图像，数据量达 3MB（即 $1024 \times 1024 \times 8bit \times 3 = 24Mb$）。如此庞大的数据量给存储、传输和处理都带来巨大的困难。如果精度及分辨率再提高，所需处理时间将大幅度增加。

（5）处理费时。由于图像数据量大，因此处理比较费时。特别是处理结果与中心像素邻域有关的处理过程花费时间更多。

（6）图像处理技术综合性强。数字图像处理涉及的技术领域相当广泛，如通信技术、计算机技术、电子技术、电视技术等，当然，数学、物理学等领域更是数字图像处理的基础。

1.1.4 数字图像处理系统的组成

数字图像处理系统一般由数字化器、存储器、图像处理器和输出设备四部分组成，如图1-2所示。

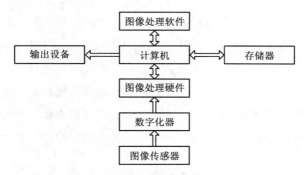

图1-2 数字图像处理系统组成

数字化器是一种把连续明暗（彩色）图像转变为计算机可以接收的数字图像的设备。最常见的数字化器有数字摄像机、数码相机、扫描仪等。模拟图像经数字化器处理后，转变成一幅数字图像输入计算机，也可以事先经过硬件处理后再输入计算机。计算机根据用户需要，调用不同的图像处理软件，对输入的数字图像进行处理，处理结果存储在存储器中，并可以在显示器上显示该图像。

存储器可以存储数字化后的图像，也可以存储经过处理之后的图像。由于图像本身数据量很大，加之需要处理的图像往往又很多（如三维图像、视频等），因此，通常的数字图像处理系统都有一个容量巨大的存储器。

图像处理器包括图像处理软件和图像处理硬件。图像处理软件对于一个数字图像处理系统来说是必不可少的。现有的图像处理软件大多是使用高级语言，如C++、C#等编写的。对于一些应用较多、计算量较大的程序，可以固化成专用的图像处理硬件，以进一步提高图像处理的速度。

输出设备包括显示器、打印机等。

1.2 VC++概述

Microsoft Visual C++，简称 Visual C++、MSVC、VC++或 VC，是 Microsoft 公司开发的基于 C/C++语言的辅助开发工具，集代码编辑、编译、连接、调试等功能于一体，并整合了便利的除错工具，特别是整合了微软视窗程序设计（Windows API）、三维动画 DirectX API、Microsoft .NET 框架，它不但大大提高了应用程序的开发效率，而且给编程人员提供了一个完整又方便的集成开发环境。VC++语言的集成开发环境为用户提供了一个快速编程的框架，大大提高了编程的效率。但是，要真正掌握 VC++语言，还必须对 C/C++语言有深入的了解。

C++语言是在 C 语言的基础上发展而来的，对语言本身而言，C 语言是 C++语言的子集。C 语言实现了 C++语言中过程化控制及其他相关功能，而 C++语言中的 C 语言，相对于原来的 C 语言还有所加强，引入了重载、内联函数、异常处理等技术。C++语言更是扩展了面向对象设计的内容，如类、继承和派生、虚函数、模板等。

尽管 C++语言与 C 语言相比，增加了许多新的功能，但并不是说 C++语言比 C 语言高级，两者的编程思想并不一样。具体来说，C 语言是面向过程的（procedure-oriented），它的重点在于算法和数据结构，C 程序设计首先要考虑的是如何通过一个过程，对输入进行运算处理，从而得到输出；C++语言是面向对象的（object-oriented），主要特点是类、封装和继承，C++程序设计首先要考虑的是如何构造一个对象模型，让这个模型能够契合与之对应的问题域，这样就可以通过获取对象的状态信息得到输出或实现过程控制。在各自的领域，C 语言和 C++语言，谁也不能替代谁。

在 Windows 操作系统出现以后，开发基于 Windows 平台的图形界面程序成为一大难题。用 C 语言虽然也能开发，但是程序员要花费很大的精力去处理图形界面，而 Windows 平台图形界面的程序又有很多相似点，因此，为了解放程序员，让他们把精力主要放在程序功能上，而不是放在图形界面上，微软公司推出了 Visual 系列软件开发环境，包括为 C++程序员提供的 VC++语言，程序员能用 C++语言在其上进行图形界面的开发。与此同时，VC++语言提供了很多用于显示 Windows 界面的库函数以供程序员调用，可以说 VC++语言就是 C++语言加上

Windows图形界面。

VC++拥有两种编程方式：一种是基于Windows API的C编程方式，API（Application Programming Interface, 应用程序编程接口）是指一些预先定义的函数，目的是提供应用程序与开发人员基于某软件或硬件的以访问一组例程的能力，而又无须访问源代码或理解内部工作机制的细节，这种编程方式代码运行效率较高，但开发难度和工作量较大；另一种是基于MFC的C++编程方式，MFC (Microsoft Foundation Classes，微软基础类库)是微软公司提供的一个类库，以C++类的形式封装了Windows的API，并且包含一个应用程序框架，以减少应用程序开发人员的工作量，这种编程方式代码运行效率相对较低，但开发难度小，开发工作量小，源代码效率高。如今使用C编程方式的用户已经很少，C++编程的方式已成为VC++开发Windows应用程序的主流。

1.3 OpenCV概述

随着数字图像处理技术和计算机视觉技术的迅速发展及其应用市场规模的不断扩大，迫切需要像计算机图形学的OpenGL和DirectX那样的标准API，来给程序员的开发提供支持，加快开发速度。1999年，Intel推出了高性能的开源计算机视觉库（Open Source Computer Vision Library, OpenCV）。2000年，OpenCV的第一个开源版本发布，之后经过不断的完善和发展，现在OpenCV已经成为包含500多个C函数的跨平台的API。OpenCV的出现，大大简化了数字图像处理与计算机视觉程序设计工作，提高了软件开发效率。

OpenCV是一个用于图像处理、分析、机器视觉开发方面的、开源的跨平台计算机视觉库。无论是做科学研究，还是商业应用，OpenCV都可以作为理想的工具库。它具有以下几个特点：

（1）OpenCV采用C/C++语言编写，可以运行在Linux、Windows、Mac OS等操作系统之上。

（2）OpenCV提供了Python、Ruby、MATLAB以及其他语言的接口。

（3）采用优化的C代码编写，能够充分利用多核处理器的优势。

（4）具有良好的可移植性。

OpenCV的设计目标是加快程序的执行速度，主要关注于实时应用。

OpenCV采用优化的C语言代码编写，能够充分发挥多核处理器的技术优势。如果所用系统已经安装了Intel的高性能多媒体函数库IPP，那么OpenCV在运行时会自动使用相应的IPP库，从而可以使程序的运算速度进一步加快。

自从1999年1月发布OpenCV的alpha版本开始，OpenCV就被广泛应用于多个领域、产品和研究成果之中，包括人机互动、物体识别、图像分割、人脸识别、动作识别、运动跟踪、机器人、运动分析、机器视觉、结构分析等。尤其是在计算机视觉领域，OpenCV能够为解决计算机视觉问题提供基本工具，在有些情况下，OpenCV提供的高层函数可以有效地解决计算机视觉中一些很复杂的问题。当没有合适的高层函数时，OpenCV提供的基本函数也足以为大多数的计算机视觉问题创建一个完整的解决方案。

C语言编写加上其开源的特性，使得OpenCV不需要添加任何外部支持就可以编译生成可执行程序，非常适合算法的开发和移植。

第 2 章　VC++基础知识

　　开发运行在 Windows 操作系统中的软件需要掌握 Windows 系统下的编程技术，本章主要介绍 VC++基础知识，重点介绍使用.NET Framework 来开发 Windows 软件。什么是.NET Framework 呢？.NET Framework 就是一个 C++的类库，在 VC++2005 以及微软公司所有其他.NET 开发产品中都是核心概念。.NET Framework 由两个要素组成：CLR(Common Language Runtime) 和一组名为.NET Framework 类库的程序库。用户应用程序是在 CLR 中执行的，.NET Framework 类库提供了用户代码在 CLR 中执行时所需的功能支持，这种功能支持与使用的编程语言无关。因此，用 C++、C#或其他支持.NET Framework 的语言编写的.NET 程序，都使用相同的.NET 程序库。

　　在.NET Framework 中，几乎所有常用的 Windows API 函数都被封装在相应的类里面，而且.NET Framework 还提供了一套现成的程序模版，通过对模版程序的简单修改，程序员就能够很快地编写出一个标准的 Windows 程序，大大简化了 Windows 软件的开发。

　　本章重点讲述如何使用.NET Framework 来开发 Windows 程序，所使用的开发软件为 Visual Studio 2005

(VS2005)。VS2005 是微软公司推出的一套专门用于开发 Windows 程序的开发环境。在这个环境中，程序员可以完成各种 Windows 软件的开发。

2.1 项目与解决方案

2.1.1 什么是项目与解决方案

VS2005 中的项目是指构成某个程序的全部组件的容器，该程序可能是控制台程序、基于窗口的程序，或者某种别的程序。程序通常由一个或多个包含用户代码的源文件，加上其他包含辅助数据的文件组成。某个项目的所有文件都存储在相应的项目文件夹中，关于该项目的详细信息存储在一个扩展名为.vcproj 的 XML 文件中。

解决方案是一种将所有程序和其他资源聚集到一起的机制。例如，一个视频监控系统，通常包含视频采集系统和视频服务器，这两个部分由不同的程序组成，但这些程序都是作为同一个视频监控系统解决方案内的项目来开发的。因此，解决方案就是存储一个或多个项目与有关的所有信息的文件夹，而某个解决方案中与项目有关的信息存储在扩展名为.sln 和.suo 的两个文件中。

在 VS2005 中写程序，哪怕是很小一个程序都需要建立一个项目。项目实际上就是一堆文件的集合。因为在编写大型软件时，一个软件往往会由几千个源文件组成，为了保证可以轻松地找到需要的文件，VS2005 中采用"项目"和"解决方案"这两个概念来管理所有这些文件。"解决方案"包括所有的文件，可以包含多个"项目"，每个项目是一个独立的程序，也可以是一个供其他项目使用的公共库。下面通过编写一个简单的程序来熟悉这两个概念。

2.1.2 构建项目

启动 VS2005 时，会出现图 2-1 所示的界面。

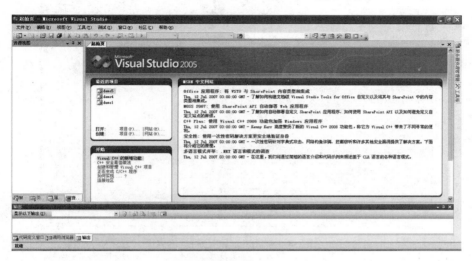

图2-1 VS2005启动界面

在图2-1中，选择"文件→新建→项目"，如图2-2所示。

图2-2 VS2005新建项目界面

单击"新建/项目"后，弹出图2-3所示界面。

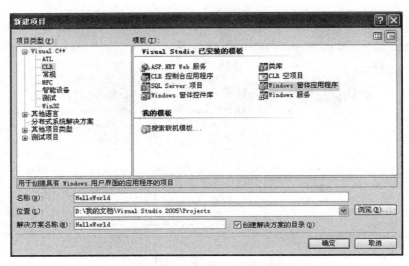

图2-3 VS2005新建项目选择界面

针对VC++，VS2005提供了多种可选的模板。我们现在要写一个Windows程序，所以，在图2-3中，选择CLR下的"Windows窗体应用程序"。然后在"名称"一栏里输入项目名称，在这里输入"HelloWorld"，在"位置"一栏里可以选择项目的保存位置。输入结束后，单击"确定"按钮，就出现图2-4所示的界面，一个空白的窗体。

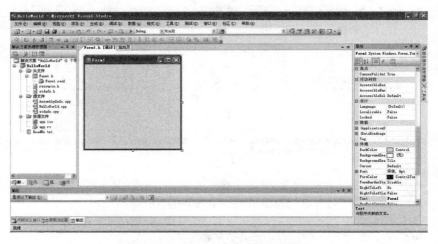

图2-4 Windows窗体应用程序界面

在图2-4所示的空白窗体中，可以添加各种其他的功能。在这里，以添加一个按钮为例。单击主窗口右侧的"工具箱"，会弹出图2-5所示界面。

图2-5 工具箱界面

在工具箱中，选择"button"，将其拖到空白窗体中，如图2-6所示。此时，系统会自动给这个按钮起名"button1"。

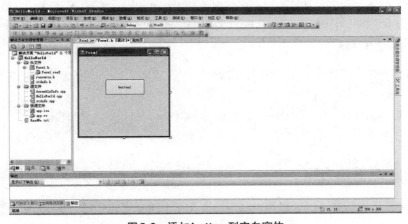

图2-6 添加button到空白窗体

按钮虽然添加成功，但这时的按钮还只是个摆设，没有实际的功能，也就是说，当运行程序，按下这个按钮时，程序不会有任何反应。这是因为程序中所有的功能都必须由相应的代码来实现，而现在并没有为按下按钮这个操作编写代码。现在来为"按下按钮"这个操作写一些代码。用鼠标左键双击屏幕上面的"button1"按钮，此时VS2005会自动地将屏幕切换到代码窗口，并给"button1"按钮添加一个按下时的响应函数，如图2-7所示。

图2-7　添加button1的响应函数

其中，响应函数名为"button1_Click"。现在来给它添加一个功能，让按钮在被按下时弹出一个消息框，上面写着"Hello World!"。为了完成这个功能，需要调用系统的一个函数MessageBox::Show()，这个函数的功能就是弹出一个消息框。具体的代码如下：

```
private: System::Void button1_Click(System::Object^ sender,System::EventArgs^ e) {
MessageBox::Show("Hello!", "Welcome To Use Visual C++ 2005");
}
```

2.1.3 生成解决方案

代码写好后就可以生成相应的解决方案了。选择菜单中的"生成→生成解决方案"，或者直接按"F7"，如图2-8所示。

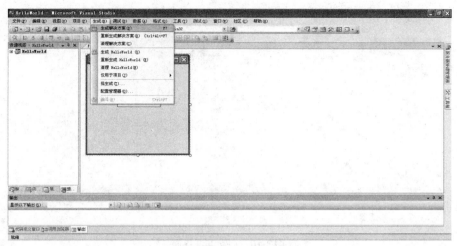

图2-8 选择生成解决方案

此时，在VS2005界面的下方"输出"栏，会显示程序的编译信息，如图2-9中线框所示。

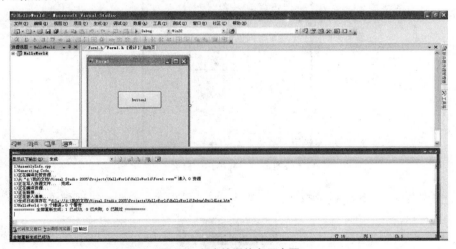

图2-9 程序编译信息示意图

当显示"全部重新生成：1已成功，0已失败，0已跳过"时，说明成功生成解决方案。此时，就可以运行这个程序来看效果了。选择菜单中的"调试→启动调试"，或者直接按下快捷键"F5"就可以运行程序了，如图2-10所示。

图2-10　启动调试界面

程序运行界面如图2-11所示。

图2-11　程序运行界面

现在单击"button1"按钮，弹出图2-12所示界面，说明程序运行成功。

图2-12　程序运行成功界面

2.2 消息与响应

2.2.1 什么是消息

我们编写的 Windows 程序是在 Windows 操作系统的控制下运行的，它们不能直接处理硬件，与外部的所有系统通信都必须经过 Windows 进行。当使用 Windows 程序时，主要是与 Windows 交互，然后再由 Windows 代表我们与应用程序通信。

Windows 程序是由事件驱动的，因此，Windows 程序必须要等待某个事件的发生才能运行。这里所谓的事件，是指用户单击鼠标、按下某个按键或者某个定时器归零等这样一些事件。Windows 操作系统将每个事件记录在一条消息中，并将该消息放入目标程序的消息队列中。因此，可以说，Windows 消息只不过是与某个事件有关的数据记录，而某个应用程序的消息队列只不过是等待该应用程序处理的消息队列。

2.2.2 消息类别

在 VS2005 中，消息大致可以分为3类，见表2-1。一个消息所属的类别决定了它的处理方式。

表2-1　VS2005消息类别

消息类别	说　明
窗口消息	与窗口相关的操作,如创建窗口、重绘窗口、改变窗口尺寸、单击鼠标左键等消息
控件消息	与控件窗口中的某个事件相关的消息,如文本框控件的内容发生改变、列表框控件的某个选择被选中、按钮控件被单击等消息
命令消息	处理用户的某个请求或者执行用户的某个命令,如菜单命令、工具栏按钮消息等

对于前两种类别的消息，即窗口消息和控件消息，它们始终由派生于 CWnd 的类的对象处理。CWnd 是 MFC 窗口类的基类，提供了 Microsoft 基础类库中所有窗口类的基本功能。CWnd 类接收到 Windows 的通知消息后，通过消息映射机制将消息发送到适当的 CWnd OnMessage 成员函数去处理。例如，窗口类和视图

类派生于 CWnd，所以它们可以利用成员函数处理 Windows 消息和控制通知消息。而应用程序类、文档类和文档模板类不是派生于 CWnd，所以它们无法处理这两类消息。

对于命令消息，处理方式则更为灵活。可以把命令消息放在程序中的应用程序类、文档类和文档模板类中，也可以放在窗口类和视图类中。在处理命令消息时，所有命令消息都是发送到应用程序的主框架窗口，然后主框架窗口按照一个特定的顺序把这些命令消息传送给程序中的类。如果一个类不能处理这个消息，主框架窗口就会把这个消息传递给下一个类。

2.2.3 消息响应

消息响应，又称为消息的实现，或者消息映射。简单来讲，就是让程序员制定某个有消息处理能力的类来处理某个消息。这里重点介绍 MFC 的消息映射。

在 MFC 的框架下，可以进行消息处理的类的头文件里都会含有 DE-CLARE_MESSAGE_MAP()宏，在这个宏里主要进行消息映射和消息处理函数的声明。一般来说，可以进行消息处理的类的实现文件里一般都含有如下结构：

BEGIN_MESSAGE_MAP(CInheritClass, CBaseClass)

　//{{AFX_MSG_MAP(CInheritClass)}}

　//}}AFX_MSG_MAP

END_MESSAGE_MAP()

在这里主要进行消息映射的实现和消息处理函数的实现。

所有能够进行消息处理的类都是基于 CCmdTarget 类的，CCmdTarget 类是 MFC 类库中消息映射体系的一个基类，是 MFC 处理命令消息的基础和核心。也就是说，CCmdTarget 类是所有可以进行消息处理类的基类。同时，MFC 定义了下面两个主要结构。

```
AFX_MSGMAP_ENTRY
Struct AFX_MSGMAP_ENTRY
{
    UINT  nMessage;   //Windows message
    UINT  nCode;      //control code or WM_NOTIFY code
```

```
    UINT nID;        //control ID (or 0 for Windows messages)
    UINT nLastID;    //used for entries specifying a range of control id's
    UINT nSig;        //signiture type (action) or pointer to message #
    AFX_PMSG pfn;  //routine to call (or special value)
};
和AFX_MSGMAP
Struct AFX_MSGMAP
{
    #ifdef _AFXDLL
        const AFX_MSGMAP* (PASCAL* pfnGetBaseMap)();
    #else
        const AFX_MSGMAP* pBaseMap;
    #endif
        const AFX_MSGMAP_ENTRY* lpEntries;
};
```

其中，第一个结构 AFX_MSGMAP_ENTRY 包含了一个消息的所有相关信息，下面介绍一下该结构中各个变量的含义。

nMessage：表示 Windows 消息的 ID 号。

nCode：表示控制消息的通知码。

nID：表示 Windows 控制消息的 ID。

nLastID：如果是一个指定范围的消息被映射的话，nLastID 用来表示它的范围。

nSig：表示消息的动作标识。

AFX_PMSG pfn：表示一个指向和该消息相对应的执行函数的指针。

第二个结构 AFX_MSGMAP 主要作用有两个：一是得到基类的消息映射入口地址；二是得到本身的消息映射入口地址。

在程序运行过程中，MFC 会把所有消息一条条填入到 AFX_MSGMAP_EN-TRY 结构中，形成一个数组，这个数组存放了所有的消息和与它们相关的参数。同时，通过 AFX_MSGMAP 能得到该数组的首地址和基类消息的映射入口地址，这是为了当本身对该消息不响应的时候，就调用基类的消息响应函数。

了解了以上两个结构，现在来分析一下MFC是如何通过窗口过程来处理消息的。实际上，所有MFC的窗口类都是通过钩子函数_AfxCbtFilterHook来截获消息，并在钩子函数中把窗口过程设定为AfxWndProc，而原来的窗口过程保存在其成员变量m_pfnSuper中。所以在MFC框架下，一般一个消息的处理过程是这样的：

（1）函数 AfxWndProc 接收 Windows 操作系统发送的消息。

（2）函数 AfxWndProc 调用函数 AfxCallWndProc 函数进行消息处理。

（3）函数 AfxCallWndProc 调用 CWnd 类的方法 WindowProc 进行消息处理。

注意：AfxWndProc 和 AfxCallWndProc 都是 AFX 的 API 函数，而 WindowProc 已经是 CWnd 的一个方法了。

（4）WindowProc 调用方法 OnWndMsg 进行正式的消息处理，即把消息派送到相关的方法中去处理。那么消息是如何派送的呢？实际上，在CWnd类中都保存了一个AFX_MSGMAP的结构，在这个结构中保存有用ClassWizard生成的消息的数组入口，把传给OnWndMsg的message和数组中所有的message比较，从中找到匹配的那一个消息。这个过程是通过函数AfxFindMessageEntry来实现的。找到匹配的message后，实际上就得到了一个AFX_MSGMAP_ENTRY结构，在上面已经提到，在AFX_MSGMAP_ENTRY结构中保存了和该消息相关的所有信息，其中主要的就是消息的动作标识和跟消息相关的执行函数。然后就可以根据消息的动作标识调用相关的执行函数，而这个执行函数就是通过ClassWizard在类的实现中定义的一个方法。经过以上过程，就把消息处理转化到类中的一个方法的实现上了。

（5）如果 OnWndMsg 方法没有对消息进行处理的话，就调用 DefWindowProc 对消息进行处理，这实际上就是调用原来的窗口过程进行默认的消息处理。

举一个简单的例子，比如在文档视图中对 WM_LbuttonDown 的消息处理就转化成对如下一个方法的操作：

```
void CinheritView::OnLButtonDown(UINT  nFlags, Cpoint  point)
{
        //TODO: Add your message handler code here and/or call default
        CView::OnLButtonDown(nFlags, point);
}
```

其中，nFlags表示在按下鼠标左键时是否有其他虚键按下，point表示鼠标的位置。这里的CView::OnLButtonDown(nFlags, point)实际上就是调用CWnd的Default()方法，而Default()方法所做的工作就是调用DefWindowProc对消息进行处理。

所以，进行正常消息处理时，MFC窗口类是完全脱离原来的窗口过程的，用自己的一套体系结构来实现消息的映射和处理，即先调用MFC窗口类挂上去的窗口过程，再调用原来的窗口过程。

2.2.4 一个简单的消息示例

本节介绍一个简单的消息处理示例。首先，在VS2005中新建一个MFC应用程序，如图2-13所示，项目名称为"MessageDealer"。

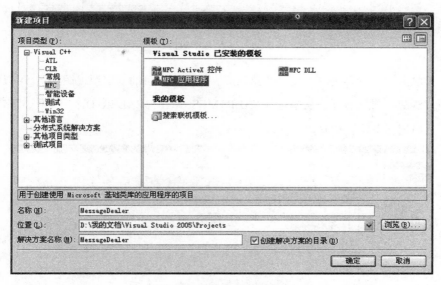

图2-13 新建MFC应用程序

然后单击"确定"→"下一步"，选择"基于对话框"的应用程序类型，如图2-14所示。

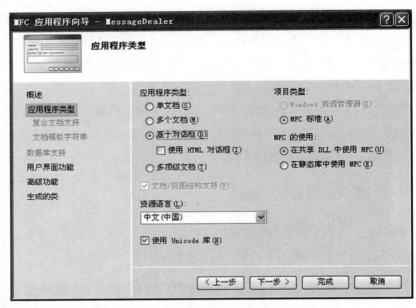

图2-14 选择"基于对话框"

单击"完成"按钮，项目新建完成。然后在项目的"资源视图中"，可以将项目资源一层层展开，从中选择"IDD_MESSAGE DEALER_DIALOG"，双击打开，出现图2-15所示界面。

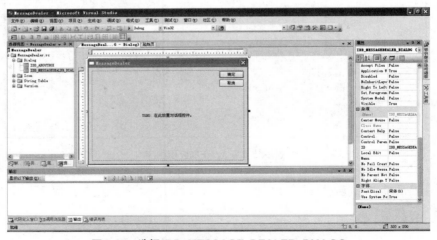

图2-15 选择IDD_MESSAGE DEALER_DIALOG

在该界面上，添加一个鼠标左键按下的动作，即LButtonDown。在窗口右侧属性栏中选择"消息"选项，如图2-16中线框所示。

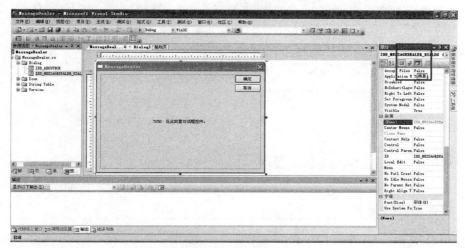

图2-16 "消息"选项

然后从中找到WM_LBUTTONDOWN，单击其右侧的下拉菜单，选择"添加OnLButtonDown"，如图2-17所示。

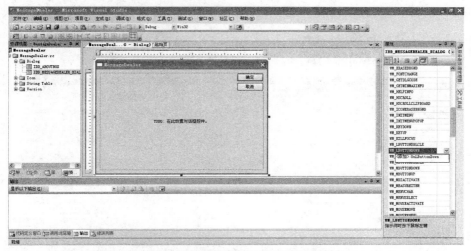

图2-17 添加OnLButtonDown界面

此时，程序会自动跳到MessageDealerDlg.cpp文件中，如图2-18所示。

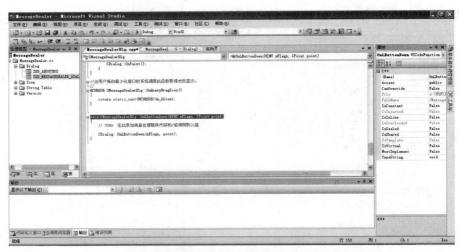

图 2-18　MessageDealerDlg.cpp 文件

在该.cpp 文件中，可以找到 2.2.3 节介绍的消息结构：BEGIN_MES-SAGE_MAP。结构如图 2-19 中线框所示。

BEGIN_MESSAGE_MAP(CInheritClass, CBaseClass)
//{{AFX_MSG_MAP(CInheritClass)}}
//}}AFX_MSG_MAP
END_MESSAGE_MAP()

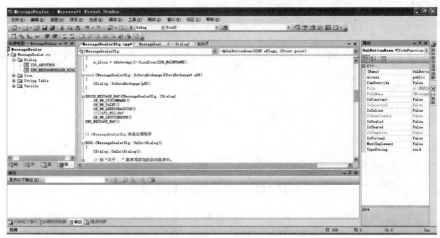

图 2-19　BEGIN_MESSAGE_MAP 结构

在BEGIN_MESSAGE_MAP结构，可以看到，ON_WM_LBUTTONDOWN()消息已经自动添加。下面写一些处理该消息的方法。在MessageDealerDlg.cpp文件的 void CMessageDealerDlg::OnLButtonDown(UINT nFlags, CPoint point) 函数中，添加以下代码：

AfxMessageBox(LPCTSTR("Hello, MessageDealer!"));

如图2-20所示。这句代码的含义是弹出一个提示框，提示"Hello，MessageDealer！"。

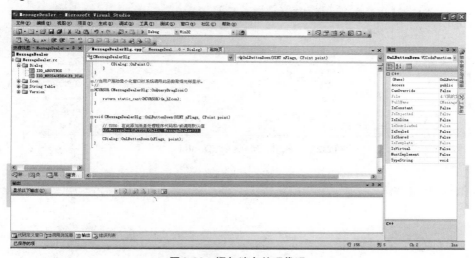

图2-20　添加消息处理代码

添加代码结束后，运行程序，弹出图2-21所示界面。

图2-21　程序运行界面

在界面的空白处单击鼠标左键，弹出"Hello，MessageDealer！"提示框，如图2-22所示。

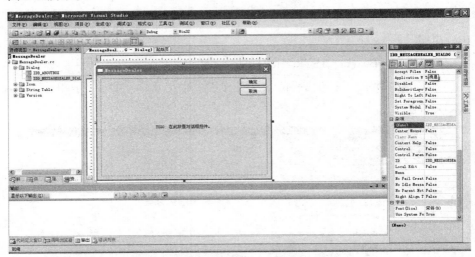

图2-22 "Hello,MessageDealer！"提示框

2.3 对话框

2.3.1 什么是对话框

对话框（Dialog）是Windows应用程序中最为重要的用户界面元素之一，是Windows与用户交互的重要手段。在程序运行过程中，对话框可用于捕捉用户的输入数据。对话框实际上也是一个窗口，不过是一个特殊类型的窗口，在MFC中，对话框的功能被封装在了CDialog类中，而CDialog类又是CWnd类的派生类。因此，任何对窗口进行的操作，如移动、最大化、最小化等，都可以在对话框中实施。一般来说，Windows在对话框中通过各种控件，如按钮、编辑框、列表框等，来和用户进行交互。本节主要介绍对话框的创建和使用，和控件相关的内容将在2.4节进行介绍。

从MFC编程的角度来看，一个对话框由两部分组成：

一是对话框模板资源。对话框模板用于指定对话框的控件及其分布，Windows根据对话框模板来创建并显示对话框。

　　二是对话框类。对话框类用来实现对话框的功能，由于对话框的功能各不相同，因此，一般需要从CDialog类派生一个新类，以完成特定的功能。

2.3.2 对话框类型

　　在MFC中，对话框分为两类：模态对话框和非模态对话框。

　　模态对话框会垄断用户的输入，当一个模态对话框打开时，用户只能与该对话框进行交互，而其他的用户界面对象收不到用户的输入信息。例如，当用File-Open命令打开一个文件对话框时，再用鼠标去选择菜单的其他功能，计算机只会发出嘟嘟声，只有当选择了文件或者取消后，才能够对其他功能进行操作，这就是因为文件打开的对话框是一个模态对话框。而我们平时所遇到的大部分对话框都是模态对话框。创建模态对话框时，一般采用以下方式：

　　CMyDlg　Mydlg; //定义一个对话框变量

　　Mydlg.DoModal(); //DoModal()是CDialog类的成员函数，通过该函数显示对话框

　　非模态对话框不会垄断用户的输入，当一个非模态对话框打开时，用户与其他界面对象的交互并不会受到影响。非模态对话框的典型应用就是Windows提供的写字板程序中的搜索对话框。搜索对话框不会垄断用户的输入，用户打开搜索对话框时，仍然可以与其他用户界面对象进行交互。例如，可以一边搜索，一边对文章进行修改，大大方便了用户的使用。非模态对话框的创建一般采用以下方式：

　　CMyDlg　*pMyDlg = new CMyDlg; //初始化一个对话框类型的指针

　　pMyDlg->Create(IDD_DIALOG, this); //创建对话框

　　pMyDlg->ShowWindow(SW_SHOW); //显示对话框

2.3.3 一个简单的对话框示例

　　本节通过一个简单的示例，来了解一下模态对话框和非模态对话框的创建和使用。首先创建一个MFC项目，如图2-23所示。选择"MFC应用程序"，并命名为"DlgTest"。

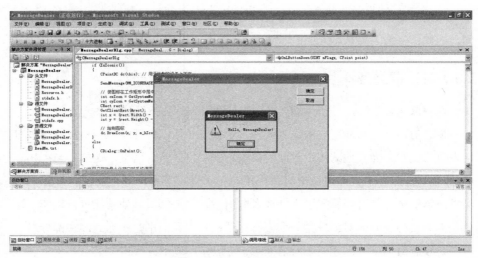

图 2-23　创建 DlgTest 项目

在图 2-23 所示的界面上单击"确定"→"下一步"，选择"基于对话框"的应用程序类型，如图 2-24 所示。

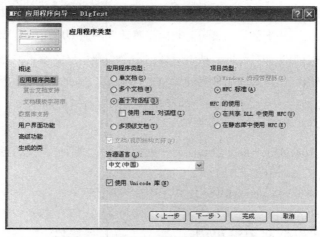

图 2-24　选择"基于对话框"的应用程序类型

在图 2-24 上选择"完成"，项目创建成功。可以在 VS2005 窗口的左侧选择"资源视图"，然后将 DlgTest 的资源一层层展开，选中"IDD_DIG-TEST_DIALOG"并双击，显示图 2-25 所示界面。这是一个基本的对话框窗口，上面仅列出了"确定"和"取消"按钮，以及"TODO:在此放置对话框控件。"的提示框。

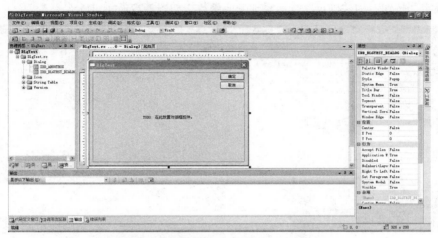

图2-25 IDD_DIGTEST_DIALOG界面

为了更好地理解模态对话框和非模态对话框在应用过程中对其他界面对象产生的影响，在图2-25所示的界面上，做一个简单的加法运算器。将三个"Edit Control"控件和两个"Static Text"控件放置在DlgTest窗口中，如图2-26所示。"Edit Control"控件和"Static Text"控件的具体用法将会在2.4节详细介绍。

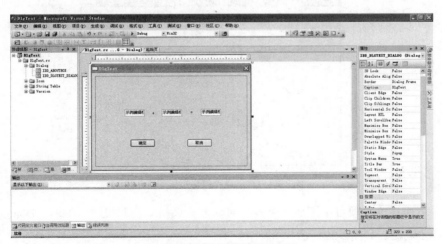

图2-26 加法运算器界面布局

分别为三个"Edit Control"控件添加变量，变量类别为"Value"，变量类型为"double"，变量名分别为"m_fAdd1""m_fAdd2"和"m_fSum"。然后双击"确定"按钮，为"确定"按钮添加响应函数，如图2-27所示。

图2-27　为"确定"按钮添加响应代码

添加响应函数后，一个简单的加法运算器就实现了，可以运行程序，看一下效果，如图2-28所示。

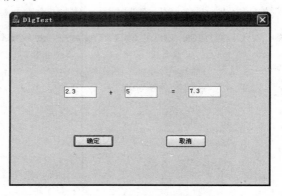

图2-28　加法运算器运行效果图

下面在这个项目中添加一个模态对话框。选择"资源视图"中的"Dialog"并单击右键，如图2-29所示。

图2-29　单击右键"Dialog"准备添加资源

在弹出的界面上选中"Dialog"，并选择"新建"，就成功添加了一个对话框，如图2-30所示。新添加的对话框名称为"IDD_DIALOG1"。

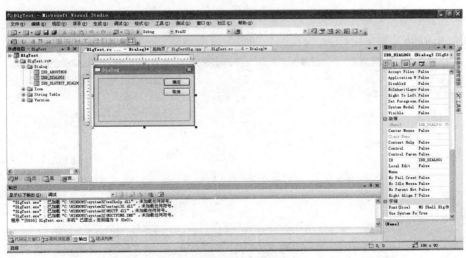

图2-30　添加对话框成功

现在为"IDD_DIALOG1"添加对话框类。2.3.2节曾提到，对话框类用来实现对话框的功能，而对话框类是派生于CDialog类的。选中"IDD_DIALOG1"

并单击右键，然后选择"添加类"，弹出图2-31所示的MFC类向导，在图2-31中进行定义类名、选择基类等操作。在这里，定义类名为CModalDlg。

图2-31　添加类向导

单击"完成"按钮，VS2005会自动跳转到"ModalDlg.h"文件，该文件就是刚刚添加的CModalDlg的头文件，在该文件中，可以看到，刚刚定义的新类CModalDlg是派生于CDialog类的，如图2-32所示。

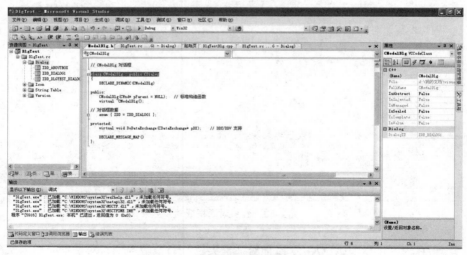

图2-32　CModalDlg派生于CDialog

然后转到"IDD_DLGTEST_DIALOG"界面上的"确定"按钮的响应函数，并添加以下代码，如图2-33所示。

CModalDlg myDlg;

myDlg.DoModal();

注意：这两句代码要添加在响应函数的开头，目的是为了在单击"确定"按钮时，优先弹出定义的模态对话框。

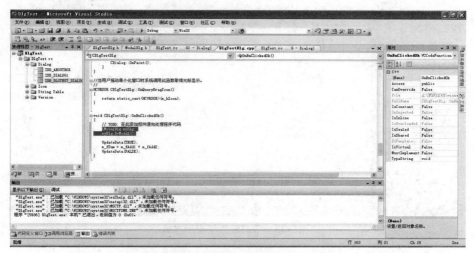

图2-33 添加模态对话框显示代码

代码添加结束后，就可以运行程序，查看实际效果了。在图2-34所示的界面上，分别输入加数和被加数，然后单击"确定"按钮，弹出图2-35所示界面。

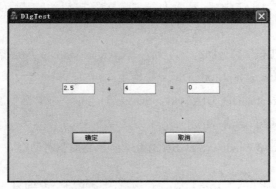

图2-34 加法运算器界面

此时，可以看到，事先定义的模态对话框已经显示出来，但加法运算器并没有计算出结果。这是因为模态对话框垄断了用户的输入，只有当用户操作完模态对话框后，其他界面对象才能继续执行。在图2-35中，单击模态对话框的"确定"或"取消"按钮，加法运算器才能继续执行，从而计算出加法结果。

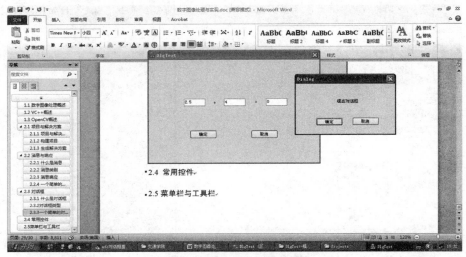

图2-35　模态对话框显示界面

上述是模态对话框的创建和应用。下面再介绍一下非模态对话框的创建和应用。非模态对话框的创建过程与模态对话框相同，如图2-29~图2-32所示。在这里创建的非模态对话框类名为"CNonModalDlg"。最后在"IDD_DLGTEST_DIALOG"界面上的"确定"按钮的响应函数中，添加以下代码。

```
CNonModalDlg  *pMyDlg; //定义一个CNonModalDlg类的指针
pMyDlg = new CNonModalDlg; //初始化pMyDlg指针
pMyDlg->Create(IDD_DIALOG2, this); //创建非模态对话框，IDD_DIALOG2
是我们定义的非模态对话框的ID
pMyDlg->ShowWindow(SW_SHOW); //显示非模态对话框
```

响应函数添加完成后，运行程序，出现图2-36所示界面。

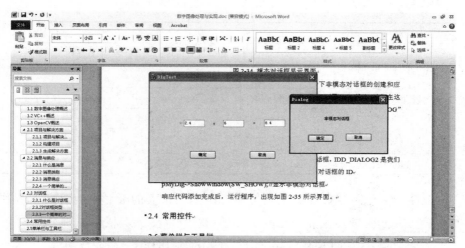

图2-36　非模态对话框显示界面

在图2-36中可以看到，单击"DlgTest"对话框中的"确定"按钮后，我们定义的非模态对话框已经显示，而加法运算器也已经计算出了结果。这说明非模态对话框并没有垄断用户的输入，不需要用户对非模态对话框进行操作，其他的界面对象就可以继续执行。

2.4　常用控件

在VS2005中，控件（Control）是指一些独立的小部件。在对话框与用户的交互过程中，控件担任着十分重要的角色。控件的种类较多，表2-2显示了对话框中常用的一些基本控件。

表2-2　常用控件列表

控件名称	功能	对应控件类
静态文本（Static Text）	显示文本，一般不能接收输入信息	CStatic
命令按钮（Button）	响应用户的输入，触发相应的事件	CButton
编辑框（Edit Control）	输入并编辑文本，支持单行和多行输入	CEdit
复选框（Check Box）	用作选择标记，有选中和不选中两种状态	CButton
列表框（List Box）	显示一个列表，用户可以从中选择一项或多项	CListBox

续表

控件名称	功能	对应控件类
组合框（Combo Box）	是一个编辑框和一个列表框的组合。分为简易式、下拉式和下拉列表式	CComboBox
单选按钮（Radio Button）	用来从两个或多个选项中选择一个	CButton
组框（Group Box）	显示文本和方框，主要用来将相关的一些控件聚成一组	CButton
图片（Picture Control）	显示位图、图标、方框和图元文件	CStatic

控件实际上都是窗口，所有的控件类都是CWnd类的派生类。控件通常是作为对话框的子窗口而创建的，也可以出现在视图窗口、工具栏和状态栏中。

在VS2005中，可以利用向导创建一个MFC应用程序。创建成功后，切换到资源视图，将项目资源一层层展开，就会出现一个名为"IDD_XXX_DIALOG"的对话框模板资源，其中，"XXX"是MFC项目名称。双击"IDD_XXX_DIA-LOG"，就会打开该对话框模板的编辑窗口，如图2-37所示。

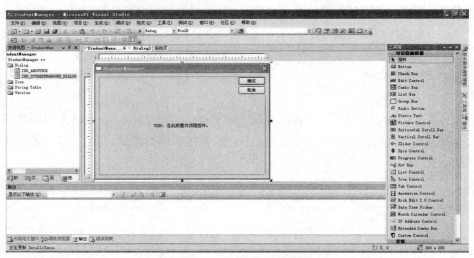

图2-37　新建MFC对话框

默认的对话框模板仅有"确定"和"取消"两个按钮，在窗口的右侧有一个"工具箱"，工具箱中包含了所有常用的控件。在工具箱中选择一个控件，然后在对话框中单击，就可以将选中的控件放置在对话框模板中。图2-38显示了工具箱中所包含的控件。

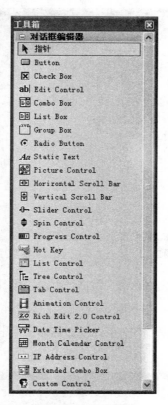

图2-38 工具箱界面

下面通过设计实现一个学生信息管理程序，来了解一下控件的具体用法。首先，新建一个MFC项目，命名为"StudentManager"。切换到项目的资源视图，双击打开"IDD_STUDENTMANAGER_DIALOG"对话框模板资源，如图2-37所示。

2.4.1 静态文本控件

在图2-37所示界面上，添加一个静态文本控件，用来提示用户。单击工具箱里面的"Static Text"，并将其放置在对话框模板上。然后在窗口右侧的"属性"界面中，更改静态文本控件的属性，如图2-39所示。如果没有出现"属性"界面，可以右键单击静态文本，选择"属性"，就可以调出"属性"界面。

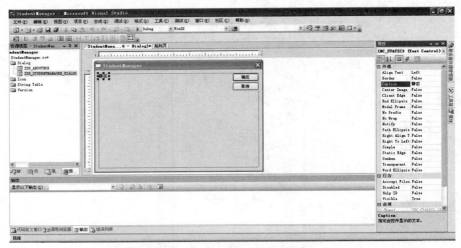

图2-39　静态文本控件的"属性"界面

在这里，对静态文本框显示的文字进行更改。在图2-39右侧的"属性"窗口中，选中"Caption"，即可进行更改。将这个静态文本的显示文字更改为"学生列表:"，更改完成后的效果如图2-40所示，静态文本中显示的文字已经变为"学生列表:"。

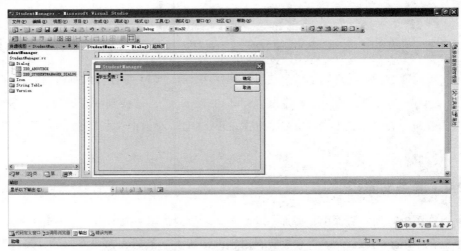

图2-40　更改静态文本显示

2.4.2 列表框(List Box)控件

在图2-40所示界面上，添加一个列表框控件，用来显示学生姓名。单击工具箱里面的"List Box"，并将其放置在对话框模板上，如图2-41所示。然后，在"List Box"的"属性"窗口中，将这个List Box的ID更改为"StudentList"以便于记忆和操作。

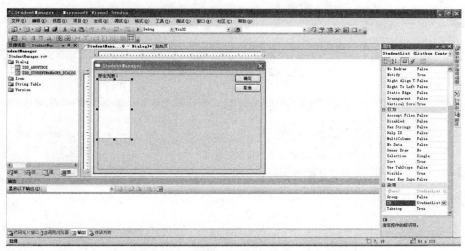

图2-41　添加列表框

2.4.3 编辑框控件

在图2-41所示的界面上，添加一个"姓名:"静态文本框和一个编辑框，如图2-42所示。

2.4.4 组框控件(Group Box)和单选按钮控件

在图2-42所示的界面上，添加用来表示学生性别的单选按钮控件。在工具箱中选择"Group Box"和"Radio Button"，并将其放置在对话框模板上，如图2-43所示。

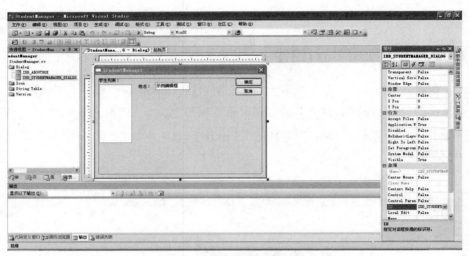

图 2-42　添加姓名相关控件

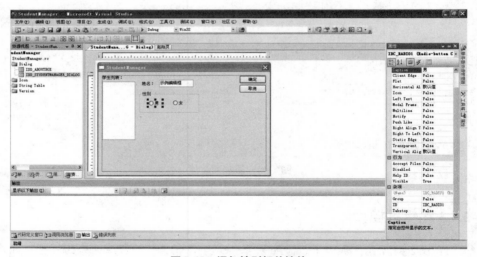

图 2-43　添加性别相关控件

　　添加完成后，将"Group Box"的"Caption"改为"性别"；两个"Radio Button"的"Caption"改为"男"和"女"，ID 分别改为"GenderMale"和"GenderFemale"，同时，将 GenderMale 属性中的"Group"改为"True"，从而保证两个"Radio Button"不会同时被选中。

2.4.5 组合框控件

在图2-43所示界面上，添加用来表示学生所在班级的组合框控件。在工具箱中选择"Combo Box"，并将其放置在对话框模板上，如图2-44所示。

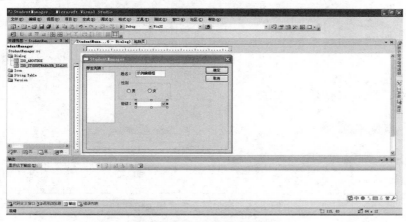

图2-44 添加班级相关控件

将"Combo Box"的ID更改为"StudentClass"。在这个组合框中，用户可以选择这名学生是哪个班级的，这就需要预先设置好各个班级的名称，这些数据将在组合框的属性中输入。在组合框的属性界面中选择"数据"，然后就可以输入各个班级的名称，之间以";"分开，如图2-45所示。

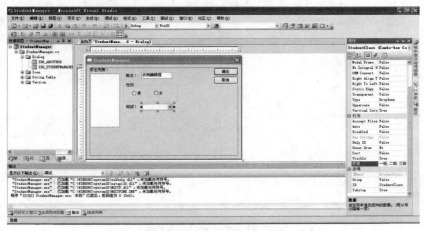

图2-45 预设组合框的数据

添加完成后，在图2-45所示界面上再添加学生的联系方式，并将"Edit Control"控件命名为"StudentPhone"，如图2-46所示。

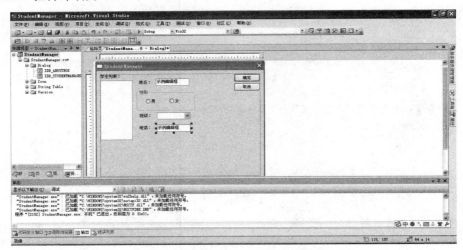

图2-46 添加联系方式相关控件

2.4.6 复选框控件

在图2-44所示界面上，添加是否是班干部复选框。从工具箱中选择"Check Box"控件，并将其放置在对话框模板上，命名为"IsLeader"，如图2-47所示。

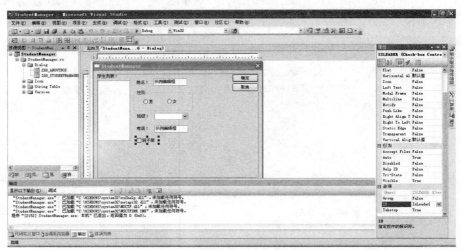

图2-47 添加是否是班干部相关控件

2.4.7 列表框(List Control)控件

在图2-47所示的界面上，添加用来显示学生详细信息的列表框控件。在工具箱中选择"List Control"，并放置在对话框模板上，命名为"StudentView"，如图2-48所示。

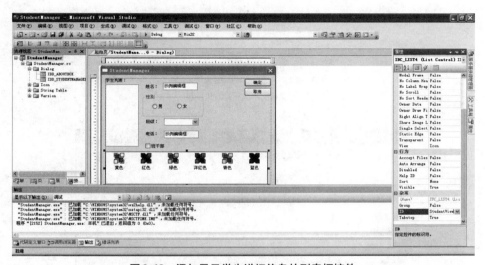

图2-48　添加显示学生详细信息的列表框控件

至此，我们所需要的控件已经全部添加完成，但是，这些控件现在还不能工作，下面就为其添加相应的源代码，以使其能够实际运行起来。

2.4.8 添加源代码

首先，为显示学生姓名列表的List Box添加变量。选择List Box并单击右键，如图2-49所示。选择"添加变量"，出现图2-50窗口所示。

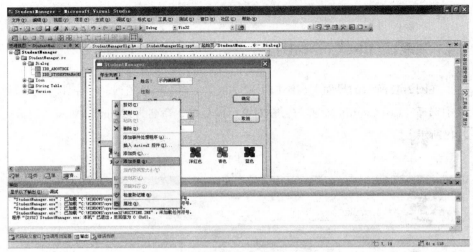

图2-49　选择添加变量

图2-50　为List Box添加变量

在图2-50中，类别选择"Control"，变量类型为"CListBox"，变量名为"m_ListBox"。添加完成后，在"StudentManagerDlg.h"文件中可以看到，"m_ListBox"变量已经添加成功，且该变量为"public"变量，如图2-51所示。

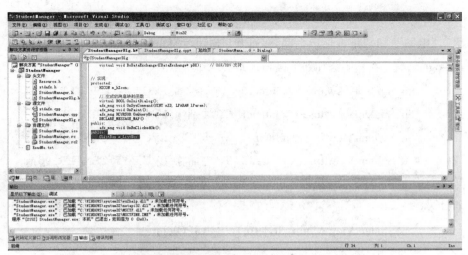

图2-51 m_ListBox变量添加成功

依照上述方法，分别为姓名、班级、电话、是否是班干部，以及显示学生详细信息的列表框控件List Control添加变量。其中，姓名、班级、电话的类别为"Value"，变量类型为"CString"，变量名分别为"m_StudentName""m_Student-Class""m_StudentPhone"；是否是班干部的复选框变量的类别为"Control"，变量类型为"CButton"，变量名为"m_IsLeader"；显示学生详细信息的列表框控件List Control的变量类型为"Control"，变量类型为"CListControl"，变量名为"m_StudentView"。

在"StudentManagerDlg.h"中定义一个结构体tag_Student，用来存储输入的学生信息，如下：

```
typedef struct tag_Student
    {
        CString m_Name;
        CString m_Gender;
        CString m_Class;
        CString m_Phone;
        CString m_IsLeader;
    } Student;
```

接下来，为 List Control 控件添加表头。表头依次为"姓名""性别""班级""电话"和"是否是班干部"。打开"StudentManagerDlg.cpp"，找到 OnInit-Dialog()函数，在其中添加如下代码，如图2-52所示。

```
m_StudentView.InsertColumn(0, _T("姓名"), LVCFMT_CENTER, 90);
m_StudentView.InsertColumn(1,_T("性别"), LVCFMT_CENTER, 90);
m_StudentView.InsertColumn(2,_T("班级"), LVCFMT_CENTER, 90);
m_StudentView.InsertColumn(3,_T("电话"), LVCFMT_CENTER, 90);
m_StudentView.InsertColumn(4,_T("是否是班干部"), LVCFMT_CEN-
TER, 90);
m_StudentView.ModifyStyle(0, LVS_REPORT);
```

图2-52　为 List Control 添加表头

在"StudentManagerDlg.cpp"中添加全局变量"g_icount"，如图 2-53 所示。

图2-53 添加全局变量g_icount

返回资源视图，双击打开"IDD_STUDENTMANAGER_DIALOG"对话框模板，双击"确定"按钮，添加如下代码，如图2-54所示。

```
//获取输入的学生姓名
this->GetDlgItem(StudentName)->GetWindowTextW(m_StudentName);
    m_stStudent[g_icount].m_Name = m_StudentName;
//判断学生性别
    if(this->GetCheckedRadioButton(GenderMale, GenderFemale) == Gender-
Male)
    m_stStudent[g_icount].m_Gender = "男";
    else
    m_stStudent[g_icount].m_Gender = "女";
//获取输入的学生班级
    this->GetDlgItem(StudentClass)->GetWindowTextW(m_StudentClass);
    m_stStudent[g_icount].m_Class = m_StudentClass;
//获取输入的学生电话
    this->GetDlgItem(StudentPhone)->GetWindowTextW(m_StudentPhone);
    m_stStudent[g_icount].m_Phone = m_StudentPhone;
//判断是否是班干部
```

```
if(m_IsLeader.GetCheck())

    m_stStudent[g_icount].m_IsLeader = "是";

else

    m_stStudent[g_icount].m_IsLeader = "否";


m_ListBox.AddString(m_StudentName);     //向 List Box 中添加学生姓名
g_icount++; //计数器加 1
```

图 2-54   添加 OnBnClickedOk()代码

上述代码实现了向学生列表中添加学生姓名的操作。然后，返回资源视图，双击打开"IDD_STUDENTMANAGER_DIALOG"对话框模板，双击学生列表控件（List Box）后添加如下代码，如图 2-55 所示。

```
int index = m_ListBox.GetCurSel();  //获取列表中被选中的一项
m_StudentView.DeleteAllItems();    //清空列表
//在 List Control 显示所选中学生的详细信息
    m_StudentView.InsertItem(0,m_stStudent[index].m_Name);
    m_StudentView.SetItemText(0,1,m_stStudent[index].m_Gender);
    m_StudentView.SetItemText(0,2,m_stStudent[index].m_Class);
```

m_StudentView.SetItemText(0,3,m_stStudent[index].m_Phone);

m_StudentView.SetItemText(0,4,m_stStudent[index].m_IsLeader);

上述代码实现以下功能：在学生列表中选中一名学生，该学生的详细信息就会显示在下方的图2-56的列表控件中。

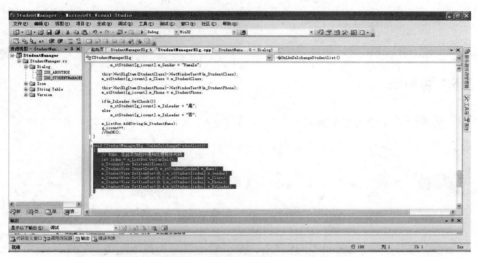

图2-55 添加OnLbnSelchangeStudentlist()代码

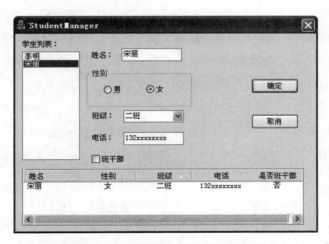

图2-56 学生信息管理程序运行效果图

2.5 菜单栏与工具栏

菜单栏与工具栏是 VS2005 窗口界面的重要组成部分，是用户与应用程序交互的桥梁。合理使用菜单栏和工具栏，可以让用户更好地使用软件，提高用户的体验度。

2.5.1 菜单栏

菜单栏被大量用于 Windows 应用程序中，它以非常友好的方式向用户提供了各种命令。图 2-57 所示为 Microsoft Office Word 菜单栏。

图 2-57 Microsoft Office Word 菜单栏

在大多数的 Windows 应用程序中，菜单栏主要分为以下两类。

（1）主菜单：出现在用户界面的顶部，通常包括顶级菜单，如常见的文件、编辑、帮助等。

（2）弹出菜单：当用户在界面的某个位置右击时出现的菜单，弹出菜单中的命令通常和用户右击的应用程序或环境有关。

在 VS2005 中，窗体设计器允许用户在设计界面时对菜单栏和菜单项进行创建、编辑，方法和使用控件类似。首先利用工具箱在窗体上绘制菜单，然后在属性窗口中设置菜单属性，最后编写菜单的事件处理程序。和其他对象一样，每个菜单都对应着一个实例，主菜单和弹出菜单都对应着从抽象类 System.Windows.Forms.Menu 派生的类，主菜单对应着 MenuStrip 类，弹出菜单对应着 Context-MenuStrip 类。所有的菜单都包含一个 MenuItem 对象集，它们和菜单中的各个选项相对应。

在设计菜单时，应当确保用户能够很快熟悉并开始使用应用程序。主菜单所包含的菜单项一般不超过9个，以免显得杂乱，且菜单嵌套一般不超过3级。菜单的标题应当简短、含义明确，使人一目了然。

2.5.2 工具栏

工具栏为 Windows 用户提供了一种使用常见功能或工具的方法，工具栏中通常包含多个按钮，每个按钮都带有图标，形象地说明了该按钮所能完成的功能。除了按钮以外，工具栏上有时还会有组合框和文本框。如果把鼠标停留在工具栏的某个按钮之上，就会显示一个提示信息，告知用户按钮的名称以及使用方法，这对于只包含图标，而没有文本的按钮是十分必要的。

工具栏一般都位于窗口的顶端、底端或者两侧，但在很多情况下，允许用户移动工具栏，以将其放置在用户更加容易使用的地方。在比较复杂的应用程序中，用户甚至可以设置哪些按钮和工具出现在工具栏中。如我们通常使用的 Microsoft Office Word 编辑器，就允许用户自由设置工具栏，如图 2-58 所示。

图 2-58　Microsoft Office Word 工具栏

2.5.3 一个简单的绘图程序

在本节，应用菜单栏和工具栏设计一个简单的绘图程序。

首先，新建一个项目，项目类型选择"CLR"，模板选择"Windows 窗体应用程序"，命名为"MyPainting"，如图 2-59 所示。

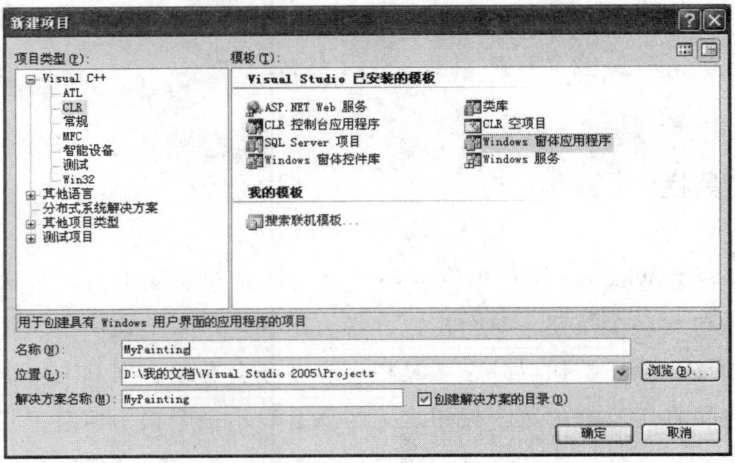

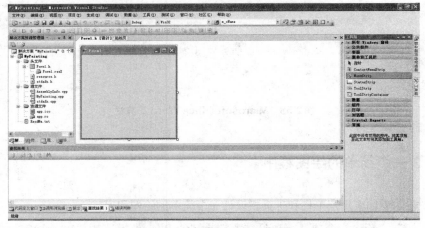

图2-59　新建**MyPainting**项目

在图2-59所示界面上单击"确定"按钮之后，就出现默认窗体。在次窗体上，就可以进行添加菜单栏和工具栏等操作。首先添加一个菜单栏。打开右侧的"工具箱"，在里面选择"菜单栏和工具栏"并展开，然后选择里面的"MenuStrip"工具，这个工具就是给程序添加菜单栏的工具，如图2-60所示。

图2-60　选择"MenuStrip"工具

选中"MenuStrip"工具之后，就可以在窗体上绘制一个菜单栏，如图2-61所示。

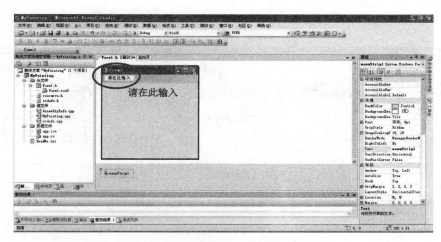

图2-61　利用"MenuStrip"工具绘制菜单栏

此时，绘制出的菜单栏是空白的，可以添加一些菜单。点击图2-61中的"请在此输入"，即可输入菜单的名称，在这里输入"绘图工具"，如图2-62所示。

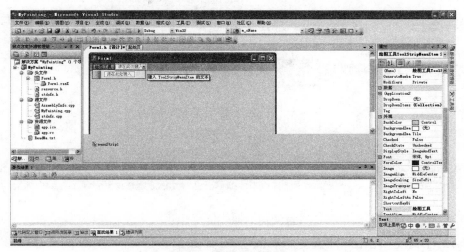

图2-62　输入"绘图工具"

在"绘图工具"的1级展开项中再输入一项"圆形"，然后在右侧的属性窗口中，将"圆形"菜单的"ToolTipText"的属性设置为"绘制圆形"。这样，当用户选择"圆形"菜单时，就会出现"绘制圆形"的提示信息，如图2-63和图2-64所示。

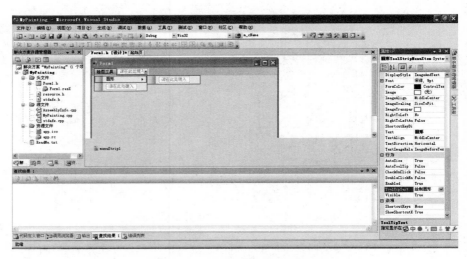

图 2-63　"ToolTipText"的属性设置

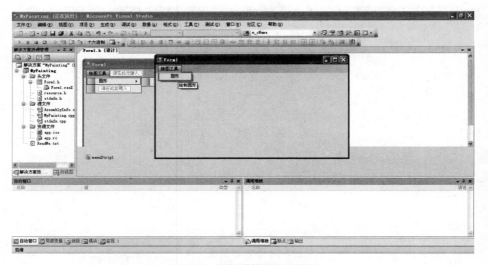

图 2-64　"圆形"菜单提示信息

利用上述方法，添加一个菜单"帮助"和一个菜单项"方形"，如图 2-65 所示。

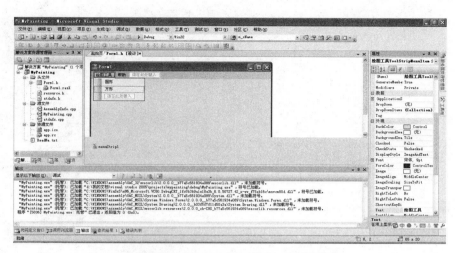

图2-65　添加"帮助"菜单和"方形"菜单项

这样，菜单就创建好了。下面，再为这个项目添加一个工具栏。在窗口右侧的"工具箱→菜单和工具栏"中选择"ToolStrip"工具，如图2-66所示。

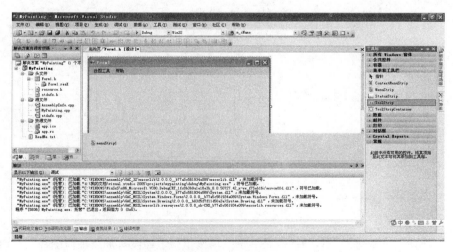

图2-66　选择"ToolStrip"工具

然后，在菜单栏的下方绘制一条工具栏，如图2-67所示。

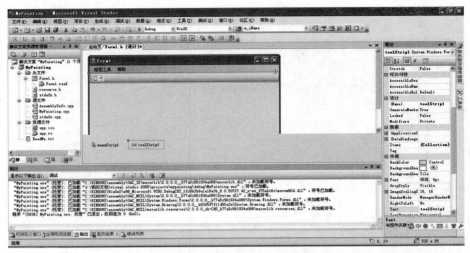

图2-67　绘制工具栏

单击工具栏中的"新建"按钮，新建一个工具栏按钮，如图2-68所示。

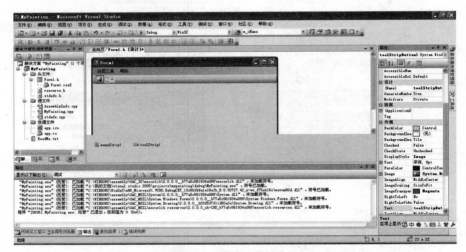

图2-68　新建工具栏按钮

现在这个新建的工具栏按钮是一个空白按钮，上面没有加载任何图片，可以手动给它加载一个。首先选中这个按钮，然后在右侧的属性窗口中，选择"Image"属性，就可以为这个按钮选择想要加载的图片了。最后，将这个按钮的

"Name"改为"DrawCircle"，"ToolTipText"改为"绘制圆形"。

利用同样的方法，可以再添加一个"方形"按钮，并进行加载图片、重命名等操作，这里不再详述。

这样，菜单栏和工具栏就创建好了，下面就可以写代码了。这个绘图程序的功能是让用户在按下"圆形"按钮时，在屏幕上画一个圆，按下"方形"按钮时，在屏幕上画一个方块。

双击"圆形"按钮，VS2005就会自动为程序添加这个按钮的响应函数。由于将这个按钮命名为"DrawCircle"，其响应函数被VS2005自动命名为"Draw-Circle_Click"，如图2-69所示。

图2-69　"DrawCircle_Click"响应函数

然后，为这个响应函数添加绘图代码。"圆形"按钮完整代码如下：

```
 private: System::Void DrawCircle_Click(System::Object^ sender, System::Even-
tArgs^ e)
 {
//创建画刷，定义画刷颜色
System::Drawing::SolidBrush^ myBrush = gcnew
System::Drawing::SolidBrush(System::Drawing::Color::Blue);

//创建System::Drawing::Graphics类对象，所有画图动作都由这个对象完成
```

```
System::Drawing::Graphics^ formGraphics;

formGraphics = this->CreateGraphics();


//画圆

formGraphics->FillEllipse(myBrush, Rectangle(100, 100, 200, 200));

delete myBrush;

delete formGraphics;

}
```

"方形"按钮完整代码如下：

```
private: System::Void DrawBox_Click(System::Object^ sender, System::Even-
tArgs^ e)

{

System::Drawing::SolidBrush^ myBrush = gcnew

System::Drawing::SolidBrush(System::Drawing::Color::White);

System::Drawing::Graphics^ formGraphics;

formGraphics = this->CreateGraphics();

formGraphics->FillRectangle(myBrush, Rectangle(50, 50, 200, 200));

delete formGraphics;

delete myBrush;

}
```

添加代码完成后，就可以看一下程序的实际运行效果了，如图2-70所示。

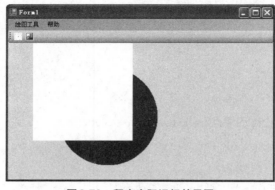

图2-70 程序实际运行效果图

　　在上述代码中，定义了一个"圆形"按钮和一个"方形"按钮。其中，圆形画刷定义为蓝色，方形画刷定义为白色。在程序执行时，分别画了一个蓝色的圆形和一个白色的方形。我们也可以试着改变画刷的颜色、圆形的半径及方形的边长，从而画出更加丰富的图形。

第3章 OpenCV 的安装及配置

3.1 概述

OpenCV 的全称是 Open Source Computer Vision Library，是一个开源(参见 www.OpenCV.org.cn) 的计算机视觉库，它的开放源代码协议允许使用 OpenCV 的代码从事学术研究或者商业开发，而且不必对公众开放自己的源代码或改善后的算法。

OpenCV 采用 C/C++语言编写，可以运行在 Linux/Windows/Mac 等操作系统上。OpenCV 还提供了 Python、Ruby、MATLAB 以及其他语言的接口。

OpenCV 的设计目标是执行速度尽量快，主要关注实时应用。它采用优化的 C 代码编写，能够充分利用多核处理器的优势。OpenCV 的目标是构建一个简单易用的计算机视觉框架，以帮助开发人员更便捷地设计更复杂的计算机视觉相关应用程序。

OpenCV 包含的函数有 500 多个，覆盖了计算机视觉的许多应用领域，如工厂产品检测、医学成像、信息安全、用户界面、摄像机标定、立体视觉和机器人等，是学习计算机视觉和图像处理必须要掌握的软件。不得不说，它是一把利器，掌握了 OpenCV 也就为你开启了深入学习和了解图像处理的大门，可以让你更加得心应手地处理有关图像处

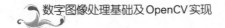

理方面的内容。

3.2 安装及配置

在这里主要介绍在 Windows 系统下 VC++6.0 和 OpenCV1.0 以及 VS2005 + OpenCV2.1的安装及配置。Linux 和 Mac OS 系统的安装细节可以查看... /OpenCV/目录下的 INSTALL 文本文件中的说明。

3.2.1 VC++6.0 和 OpenCV1.0

OpenCV1.0 安装包（可以在这里下载：http://www.OpenCV.org.cn/download/OpenCV_1.0.exe）。

安装 OpenCV1.0，默认安装在 C:\Program Files\OpenCV（用户可以自己选择），如图3-1所示。

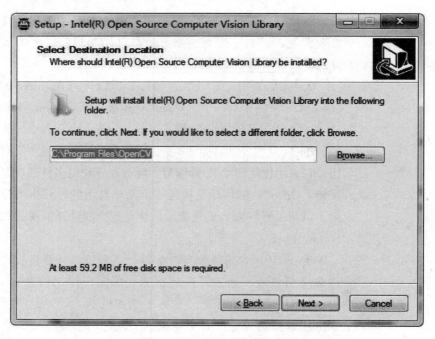

图3-1 OpenCV安装路径选择

在安装时勾选"Add<…>\OpenCV\bin to the system PATH"（将\OpenCV\bin 添加系统变量），如图3-2所示。之后单击"Next"，等待安装完成。

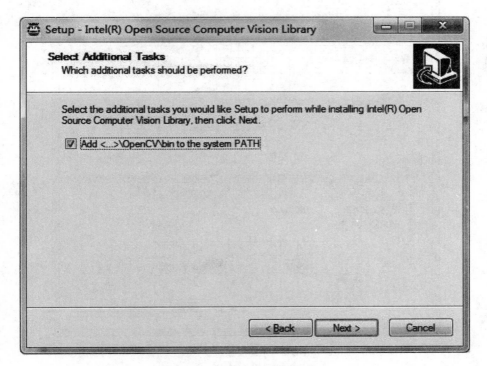

图3-2 勾选"添加系统变量"选项

如果忘记勾选此选项，可以手动添加环境变量：右键单击"我的电脑"，选择"属性"，单击"高级选项卡"，单击"环境变量"，在"用户变量"下找到"path"（没有的话新建），单击"编辑"按钮，在变量值的最后添加"C:\Program Files\OpenCV\bin"（如果有多个路径，用";"隔开），然后单击"确定"按钮，重启电脑，如图3-3所示。

图3-3 手动添加系统变量

然后，将安装目录 C:\Program Files\OpenCV\bin 下的 cxcore100.dll、high-gui100.dll、libguide40.dll 复制到 C:\WINDOWS\system32 目录下。

打开 VC++6.0 进行 OpenCV 配置，选择 "Tools→Options→Directories"（工具→选项→目录），然后选择 "Include files"，在下方填入路径（用户选择自己的安装路径），如图3-4所示（线框选区域）。

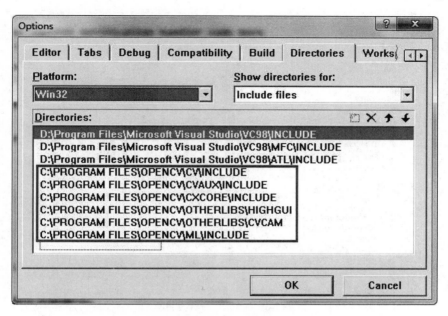

图3-4 配置"Include files"

然后选择"Library files",在下方填入路径,如图3-5所示。

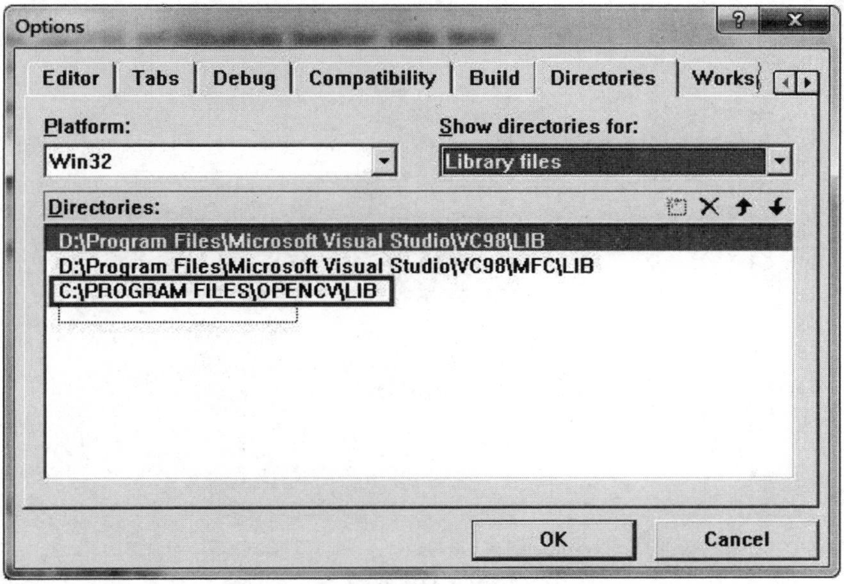

图3-5 配置"Library files"

然后选择"Source files",在下方填入路径,如图3-6所示,然后单击"OK"按钮完成配置。

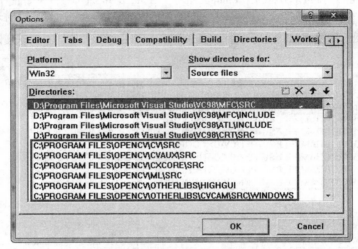

图3-6 配置"Source files"

项目的配置,每一个OpenCV文件都需要手动添加 .lib 文件,首先建立一个"Project"(工程),然后选择"Project→Settings→Link"(工程→设置→连接),添加以下.lib文件,如图3-7所示,单击"OK"按钮后便可以开始编写你的第一个OpenCV程序了。

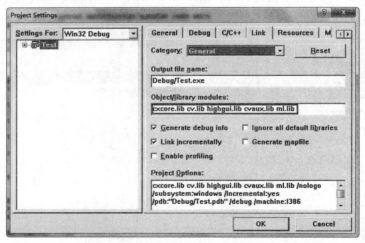

图3-7 添加.lib文件

3.2.2 VS2005 + OpenCV2.1

安装OpenCV2.1，在安装时勾选 "Add OpenCV to the system PATH for allusers/current user "（将\OpenCV\bin添加系统变量），如图3-8所示。OpenCV 2.1 的安装包可以在这里下载：http://sourceforge.net/projects/OpenCVlibrary/files/OpenCV-win/2.1/OpenCV-2.1.0-win.zip。

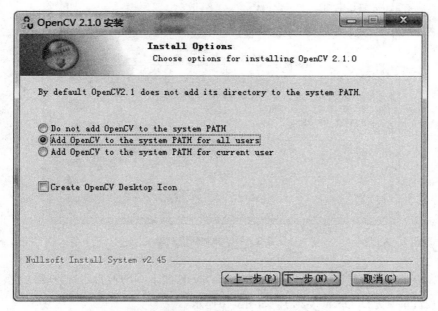

图3-8 勾选"为本机所有用户添加系统变量"

如果忘记勾选此选项，可以手动添加环境变量：右键单击"我的电脑"，选择"属性"，单击"高级选项卡"，单击"环境变量"，在用户变量下找到"path"（没有的话新建），单击"编辑"按钮，在变量值的最后添加"D:\OpenCV2.1\bin"（根据自己的OpenCV安装目录做相应修改，如果有多个路径，用";"隔开），然后单击"确定"按钮，重启电脑，如图3-9所示。

图 3-9   手动添加环境变量

单击"下一步",默认安装目录为 C:\OpenCV2.1(用户可以自己选择,这里将安装目录改为 D:\OpenCV2.1),如图 3-10 所示。

之后单击"下一步",等待安装完成。

打开 VS2005 进行 OpenCV 配置,选择"工具→选项→项目和解决方案→VC++目录",然后选择"包含文件",在下方填入路径(用户选择自己的安装路径),如图 3-11 所示(框选区域)。

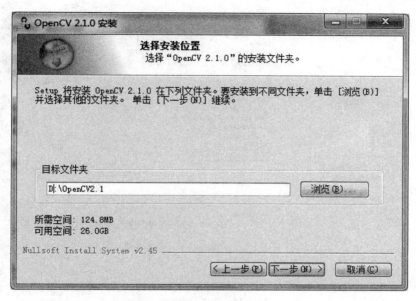

图3-10 选择安装目录

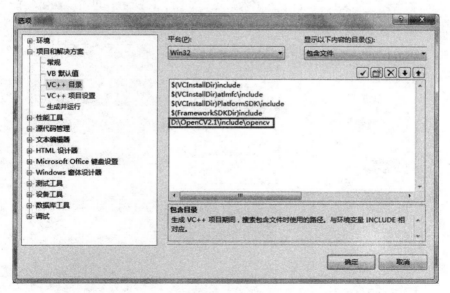

图3-11 配置"包含文件"

然后选择"库文件",在下方填入路径,如图3-12所示。

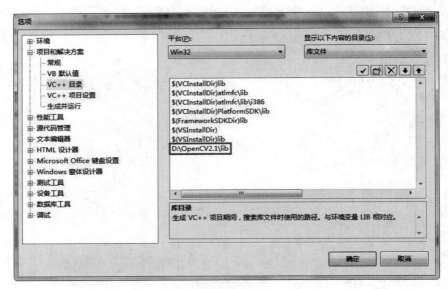

图3-12 配置"库文件"

然后选择"源文件",在下方填入路径,如图3-13所示,单击"确定"按钮完成配置。

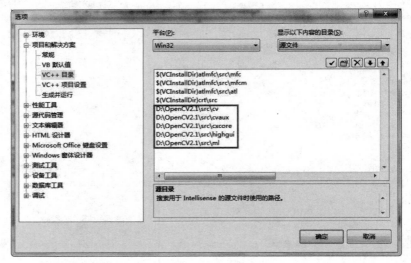

图3-13 配置"源文件"

项目的配置，每一个OpenCV文件都需要手动添加 .lib 文件，首先建立一个"工程"，然后选择"工程→属性→配置属性→链接器→输入→附加依赖项"，添加以下 .lib 文件，如图3-14所示，单击"确定"按钮后便可以开始编写你的第一个OpenCV程序了。

图3-14 配置"附加依赖项"

3.2.3 帮助文件

安装 OpenCV 后，在..../OpenCV/docs/子目录中有相应的 HTML 格式的帮助文件，打开 index.htm 文件，其中包含以下链接。

1. CXCORE

它包含数据结构、矩阵运算、数据变换、对象持久(object persistence)、内存管理、错误处理、动态装载、绘图、文本和基本的数学功能等。

2. CV

它包含图像处理、图像结构分析、运动描述和跟踪、模式识别和摄像机标定。

3. Machine Learning (ML)

它包含许多聚类、分类和数据分析函数。

4. HighGUI

它包含图形用户界面和图像/视频的读/写。

5. CVCAM

摄像机接口，在 OpenCV1.0 以后的版本中被移除。

6. Haartraining

如何训练 boosted 级联物体分类器。文档在文件 .../OpenCV/apps/HaarTraining/doc/haartraining.htm 中。

第4章 数字图像的基本概念

图像信息是人类认识世界的重要知识来源，国外学者曾做过统计，人类所获得的外界信息有70％以上是来自眼睛摄取的图像。人眼所感知的景物一般是连续的，称为模拟图像。这种连续性包含了两方面的含义：空间位置延续的连续性，以及每一个位置上光的强度变化的连续性。连续模拟函数表示的图像由于模拟信号自身的原因和对模拟信号处理手段的限制，无法用计算机进行处理，也无法在各种数字系统中传输或存储，于是人们把代表图像的连续(模拟)信号转变为离散(数字)信号，于是产生了数字图像的概念。

4.1 颜色的属性和三基色原理

颜色的描述和度量是一个比较复杂的问题，在这里只是简单介绍一些概念，以便更好地理解和处理数字图像信息。

颜色属性有以下几个特点：

1. 颜色的连续性

当光的波长连续变化时，颜色的变化也是连续的，所以颜色 C 是波长 λ 的函数，即

$$C = f(\lambda) \tag{4-1}$$

2. 颜色的可分性

牛顿的色散实验，即将白色光通过三棱镜可分成红、橙、黄、绿、青、蓝、紫七色，证明了颜色的可分性。

3. 颜色的可合性

与颜色的可分性正好相反，红、橙、黄、绿、青、蓝、紫七色按照光通量以适当比例混合，通过三棱镜后可以合成白色，这也证明了颜色的可合性。

根据以上性质，任意一个颜色可以看成许多独立色彩的线性组合，即

$$C = \sum_{k=1}^{n} a_k C_k \tag{4-2}$$

式中：C 是任一颜色；a_k 是组合系数；C_k 是独立色彩。

独立色彩是：如果色彩 C_1 与 C_2 不论按什么比例混合后都不能得到色彩 C_3，C_1 与 C_3 不论按什么比例混合都不能得到 C_2，C_3 与 C_2 也不能合成 C_1，则 C_1、C_2、C_3 便称为相互独立的色彩。

4. 颜色符合亮度相加定律

混合色的总亮度等于各组成颜色亮度的总和。也符合混合代替律，即两个视觉效果相同的颜色各自与另外两个相同的颜色相加混合的颜色仍相同。例如：$A \equiv B, C \equiv D$，则 $A + C \equiv B + D$，$A - C \equiv B - D$，以及 $nA = nB$ 等。

5. 三基色原理

选择三种相互独立的基色，按一定比例混合调配，模拟自然界中绝大多数常见的彩色的原理。已有实验证明，自然界中客观存在的任一颜色皆可表示为三个确定的相互独立的颜色的线性组合：

$$C = a_{10} C_{10} + a_{20} C_{20} + a_{30} C_{30} \tag{4-3}$$

式中：C_{10}、C_{20}、C_{30} 是三个确定的相互独立的色彩或称为基色；a_{10}、a_{20}、a_{30} 为三个独立色彩混合时的不同比例系数。

三基色 C_{10}、C_{20}、C_{30} 选定后，则任何一种颜色可由三个独立变量 a_{10}、a_{20}、a_{30} 完全确定。在实际应用中通常选择红(R)、绿(G)和蓝(B)作为三个基色，即

$$C(C) \equiv R(R) + G(G) + B(B) \tag{4-4}$$

目前，在彩色电视技术中采用相加混色法。例如：红色光与绿色光相加得黄色光；蓝色光与红色光相加得品红色光；绿色光与蓝色光相加得青色光；红、

绿、蓝三色光相加得白色光。而在彩色印刷、彩色胶片和彩色绘画中则采用相减混色法，即在白色光中缺少某种色光则得到与它互补的另一种色光。例如，白色中缺少蓝色则呈黄色，缺少绿色则呈品红色，缺少红色则呈青色。在此，一般选择黄、品红、青为三基色，而此三种基色相加则呈黑色。

4.2 图像信号的数字化

在数字图像处理技术中，对于连续函数 $f(x,y)$ 所表示的图像在空间分布和幅度大小上都需要加以离散数字化，即将模拟信号转化为数字信号，这个过程又称为采样量化，这个转变过程包括采样、量化和编码。

4.2.1 采样

采样(sampling)就是采集模拟信号的样本。对于连续变化的图像在空间上的离散化过程，称为对图像进行采样（取样、抽样）。被选取的采样点称为像素（像元、样本）。

在采样点上的函数值称为采样值、抽样值或样值。其中每秒钟的采样样本数叫做采样频率。采样频率越高，数字化后信号就越接近原来的波形，即信号的保真度越高，但量化后信号信息量的存储量也越大。

1. 采样过程

一个理论的采样结果，是把连续信号乘上梳状脉冲波形，即

$$\delta_T(t) = \sum_{n=-\infty}^{\infty} \delta(t - nT) \tag{4-5}$$

结果是一个被改变幅度的梳状脉冲波形。离散信号就是一连串这种被改变幅度的波形。

在图像实际采样过程中，采样脉冲不是理想的 δ 函数，采样点阵列也不是无限的。因此在图像重建时会产生边界误差和模糊现象。

设采样脉冲阵列是由 $(2I + 1)(2J + 1)$ 有限个相同脉冲 $p(x,y)$ 组成采样脉冲阵列，即

$$S(x,y) = \sum_{i=-I}^{I} \sum_{j=-J}^{J} p(x - i\Delta x, y - j\Delta y) \tag{4-6}$$

续表

假设 $S(x,y)$ 是有限 δ 函数阵列 $d(x,y)$ 通过冲击响应 $p(x,y)$ 的线性滤波器产生的，可以表示为

$$S(x,y) = d(x,y)p(x,y) = \sum_{i=-I}^{I} \sum_{j=-J}^{J} p(x - i\Delta x, y - j\Delta y) \tag{4-7}$$

其中

$$d(x,y) = \sum_{i=-I}^{I} \sum_{j=-J}^{J} \delta(x - i\Delta x, y - j\Delta y) \tag{4-8}$$

一次已采样的图像 $f_p(x,y)$ 可表示为

$$f_p(x,y) = f_i(x,y)$$
$$S(x,y) = \sum_{i=-I}^{I} \sum_{j=-J}^{J} f_i(x,y)p(x - i\Delta x, y - j\Delta y) \tag{4-9}$$

采样过程如图4-1所示。

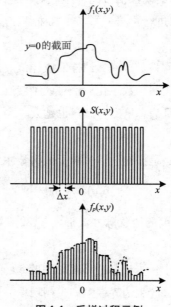

图4-1　采样过程示例

2. 图像的采样点阵

一幅连续的图像从空间位置上看，图像的所有像素都在一个平面内，像素在二维方向上分布。从图像原稿某一点位置的亮度来看，其取值也是连续分布的，

即像素的亮度是像素位置的函数。因此，图像的数字化包含两方面的内容：空间位置的离散和数字化以及亮度的离散和数字化。

假定一幅连续图像在二维方向上被分成 $M \times N$ 个网格，每个网格用一个亮度值（即灰度值）来表示，这个过程就是图像的采样，如图4-2所示。

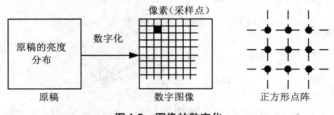

图4-2 图像的数字化

由采样点组成的采样点阵除了图4-2所示的方形点阵，还可有不同形式，如正三角形或者正六角形采样点阵，根据不同需要，可选取均匀采样或不均匀采样，如图4-3所示。

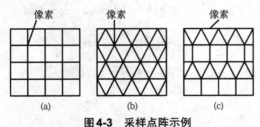

图4-3 采样点阵示例

方形采样虽然简单，但效率却不是最高。如果表示同一个圆形限带的二维连续信号，用六边形采样所需要的采样数要比方形采样的采样数少13.4%。方形和六边形采样的概念可以推广到 m 维 $(m > 2)$，此时方形采样相当于在超立方体点阵上采样；而六边形采样则相当于各采样位置是在紧凑堆放的各 m 维超球体的球心上。

采样样点取得过多，增加了用于表示这些样点的信息量；如果样点取得过少，则有可能会丢失原图像所包含的信息。所以最少的样点数应该满足一定的约束条件：由这些样点，采用某种方法能够完全重建原信号或图像，即采样定理。

1）一维采样定理

设一维函数 $f(t)$ 为时间上连续的模拟信号，我们的目的是用样本 $f(kT)$ 来表示一维函数 $f(t)$，其中 k 为整数值，T 为采样周期。由样本 $f(kT)$ 重构原始函数

$f(t)$ 的方法，是在样本之间适当地进行插值。可采用如下插值函数 $g(t)$ ：

$$f(t) = \sum_{k=-\infty}^{\infty} f(kT)g(t-kT) \tag{4-10}$$

式中： $g(t)$ 是沿 t 轴移动的时间 kT 的插值函数，而样本 $f(kT)$ 在 t 时刻对函数 $f(t)$ 的作用由系数 $g(t-kT)$ 加权，现假设 f 和 g 都可作傅里叶变换，即

$$f(kT)g(t-kT) = \int_{-\infty}^{\infty} f(\tau)g(t-\tau)\delta(\tau-kT)\mathrm{d}\tau \tag{4-11}$$

则

$$f(t) = \int_{-\infty}^{\infty} f(\tau)g(t-\tau)\sum_{k=-\infty}^{\infty}\delta(\tau-kT)\mathrm{d}\tau \tag{4-12}$$

其中， $\sum_{k=-\infty}^{\infty}\delta(\tau-kT)$ 是周期为 T 的周期函数，将其展开成傅里叶级数：

$$\sum_{k=-\infty}^{\infty}\delta(\tau-kT) = \sum_{n=-\infty}^{\infty} a_n \exp(\mathrm{j}2\pi n\tau/T) \tag{4-13}$$

其中，傅里叶展开式的系数 a_n 可由下式求出：

$$\begin{aligned}
a_n &= \frac{1}{T}\int_{-T/2}^{T/2}[\sum_{k=-\infty}^{\infty}\delta(\tau-kT)]\exp(\frac{-\mathrm{j}2\pi n\tau}{T})\mathrm{d}\tau \\
&= \frac{1}{T}\int_{-T/2}^{T/2}\delta(\tau)\exp(\frac{-\mathrm{j}2\pi n\tau}{T})\mathrm{d}\tau
\end{aligned} \tag{4-14}$$

在上面的积分中，只在 $k=0$ 项 a_n 不等于0，因此可以得

$$a_n = 1/T$$

则

$$f(t) = \sum_{k=-\infty}^{\infty}\int_{-\infty}^{\infty} f(\tau)g(\frac{t-\tau}{T})\exp(\frac{\mathrm{j}2\pi n\tau}{T})\mathrm{d}\tau \tag{4-15}$$

即 $f(t)$ 可以表示成

$$f(t) = \exp(\frac{\mathrm{j}2\pi n\tau}{T})\text{和}\frac{g(t)}{T} \tag{4-16}$$

即两者卷积之和。下面分别用 $F(\omega)$ 和 $G(\omega)$ 表示 $f(t)$ 和 $g(t)$ 的傅里叶变换。由傅里叶变换的位移性质可知 $F(\omega-2\pi n/T)$ 和 $G(\omega-2\pi n/T)$ ，这样对式（4-15）两边作傅里叶变换可以得

$$F(\omega) = \frac{G(\omega)}{T}\sum_{k=-\infty}^{\infty} F(\omega-2\pi n/T) \tag{4-17}$$

显然上述推导过程是可逆的，因此式（4-17）是采用式（4-10）的样本 $f(kT)$ 正确重构 $f(t)$ 的充要条件。

假设 $f(t)$ 的带宽是有限的，即当 $|\omega| \geqslant 2\pi f_c$ 时，$F(\omega)=0$，而 $F(\omega - \dfrac{2\pi n}{T})$ 正好是 $F(\omega)$ 平移 $\dfrac{2\pi n}{T}$ 时的值，所以对函数 F，只要取

$$G(\omega) = \begin{cases} T, |\omega| < 2\pi f_c \\ 0, 其他 \end{cases} \tag{4-18}$$

就可以使式（4-17）得到满足。可见 G 的傅里叶反变换 g 是 $\sin c$ 函数，这样可以得

$$g(t) = \frac{1}{2\pi} \int_{-2\pi f_c}^{2\pi f_c} T \mathrm{e}^{\mathrm{j}\omega t} \mathrm{d}\omega = \frac{\sin 2\pi f_c t}{\pi t/T} \tag{4-19}$$

这样如果 $T = f_c/2$，就可以得到 $g(t) = \sin c(2\pi f_c t)$。

这样就得到了惠特克—卡切尼科夫—香农采样定理。即当 $|\omega| \geqslant 2\pi f_c$，或者 $|f| \geqslant 2\pi f_c$ 时，函数 $f(t)$ 的傅里叶变换为 0，也就是说，$f(t)$ 可以由相隔为 $f_c/2$ 或者更密的样本正确地重构。

2）二维采样定理

设二维函数 $f(x,y)$ 为空间上连续的模拟图像信号，现讨论一下二维采样和重构的问题。设 $f(x,y)$ 的傅里叶变换为

$$F(u,v) = \int_{-\infty}^{\infty} \int_{-\infty}^{\infty} f(x,y) \mathrm{e}^{-\mathrm{j}2\pi(xu+yv)} \mathrm{d}x \mathrm{d}y \tag{4-20}$$

假设空间频率函数 $F(u,v)$ 带宽是有限的：

$$|u| \leqslant 2\pi f_c, |v| \leqslant 2\pi f_c \tag{4-21}$$

则

$$f(x,y) = \sum_{m=-\infty}^{\infty} \sum_{n=-\infty}^{\infty} f(mT,nT) g(x-mT, y-nT) \tag{4-22}$$

和一维采样情况相同，可以获得式（4-22）成立的充分和必要条件：

$$F(u,v) = \frac{G(u,v)}{T^2} \sum_{m=-\infty}^{\infty} \sum_{n=-\infty}^{\infty} F(u - \frac{2\pi m}{T}, v - \frac{2\pi n}{T}) \tag{4-23}$$

和一维采样相同的道理，可以得到二维采样定理：

若 $f(x,y)$ 的带宽是有限的，则它可以用相隔小于或者等于 $f_c/2$ 的采样点阵采样所得的样本中精确地重构出来。这时，才不会发生 $f(x,y)$ 的频率混叠现象。二维空间域的采样定理是一维采样定理的推广。

频率混叠现象不仅会发生在图像的数字化过程中，也将发生于重新采样过

程。重新采样指从已有像素用某种计算方法(如插值计算)获得更多的像素，这些像素不是由图像数字化设备获得，而是算出来的，往往是实际像素值的近似。

3. 采样误差

在图像采样过程中很可能带来误差(或失真)，带来误差的原因很多，例举如下。

1）混叠噪声

由前面的分析可知，当采样频率 f_s 小于二倍最大信号频率 f_c 时，会产生混叠噪声，因此通常要令 $f_s \geqslant 2f_c$。为了防止信号最大频率超过 f_c，在采样以前一般要加前置滤波器。假如前置滤波器对频域限制不够充分，这时在大于 f_c 的频率上仍有一定幅度的信号成分。这些频率的信号成分可能不满足采样定理，从而形成混叠噪声。

2）孔径效应

实际的采样脉冲并不是理想的 δ 函数，而是具有一定的脉冲宽度，从而产生失真，使原图像信号的各种频率成分中的高额成分跌落。这就是孔径效应。

3）插入噪声

当从采样图像信号再恢复到原图像信号时，要用理想的滤波器，要求其在 f_c 以内频带之频率特性平坦，相位特性成直线性。但实际上完全理想的滤波器是不存在的，在恢复图像信号时必将产生某种程度的噪声，这种噪声称为插入噪声。

由于实际的滤波器在 f_c 处不可能做到很陡峭的截止特性，为了减少插入噪声，一般应使采样频率 f_s 比 $2f_c$ 要大一些。

4）抖动噪声

对图像的采样是以时间周期 T 逐点进行的，而时间间隔周期 T 是由时钟信号控制的。采样信号经过传输，在恢复图像时，接收端也是由时钟控制的，虽然收发两端的时钟理论上是同步的，但发端和收端实际上存在相位差异或称为相位抖动，使得恢复图像前在接收端的采样信号并不是严格的以 T 为周期的，这种时间周期上的变异(抖动)在恢复图像时会产生噪声，这种噪声称为抖动噪声。

4.2.2 量化

图像经过采样成为空间上被离散的像素阵列，而每个像素的亮度值还是一个有无穷多个取值的连续变化的量，必须将其转化为有限个离散值，并赋予不同的码字才能真正成为数字图像，再由计算机或者其他数字设备进行处理。把这种对信号的幅度进行离散分层的过程称为量化。简单地说，量化就是把经过采样得到的瞬时值幅度离散，即用一组规定的电平，把瞬时采样值用最接近的电平值来表示。

量化有两种方式：一种是将像素连续亮度值等间隔地均匀量化；另一种是不等间隔地非均匀量化。

1. 均匀量化

最常用的数值量化过程是"均匀量化"，也称为"线性量化"，即每个量化区间的大小是相等的。

对于图像信号，将其每个像素的幅度与一组判决电平作比较，如果该像素幅度落在两个判决电平之间，那么就将该幅度用某一个对应固定电平来表示。通常将这一固定电平值取为该幅度所落在区间的两端判决电平的中间值，然后将表示该幅度的固定电平值用一数字码字表示，在这种均匀量化方式中，相邻判决电平间的差值都是相等的，即把灰度值的范围均匀地划分为 2^n 个区间(n 为 $1,2,\cdots$ 等正整数)。落在每个灰度区间内的所有灰度值，用一个确定的 n 位的二进制数表示。如图4-4所示例子中，以6bit量化为例，若某一输入样本幅度为31.4，当采用二进制等长自然码表示时，则其量化输出为011111。

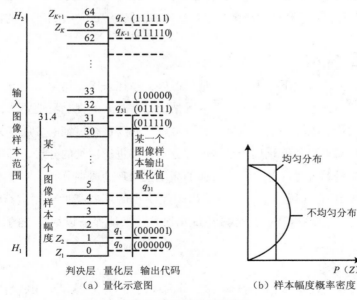

(a) 量化示意图　　　(b) 样本幅度概率密度

图4-4　典型量化过程示例

量化是以有限个离散值近似地表示。实际上是层次无限的连续值，但是图像的采样值 $f(i,j)$ 和量化值 $g(i,j)$ 不一定相等，这就必然存在误差，称其为量化误差 $\varepsilon(i,j)$ ，由此产生的失真称为量化失真或量化噪声。

$$\varepsilon(i,j) = g(i,j) - f(i,j) \tag{4-24}$$

每一点的量化误差构成图像灰度的量化误差矩阵：

$$\boldsymbol{\varepsilon} = \begin{bmatrix} \varepsilon(1,1) & \varepsilon(1,2) & \cdots & \varepsilon(1,N) \\ \varepsilon(2,1) & \varepsilon(2,2) & \cdots & \varepsilon(2,N) \\ \vdots & \vdots & & \varepsilon(i,N) \\ \varepsilon(M,1) & \varepsilon(M,2) & \cdots & \varepsilon(M,N) \end{bmatrix} \tag{4-25}$$

图像误差值 $\varepsilon(i,j)$ 可能为正，也可能为负，偶尔会为0。而归一化的量化误差（相对量化误差）满足：

$$|\varepsilon(i,j)| \leqslant \frac{1}{2^{n+1}} \tag{4-26}$$

其中， $n = 1,2,3,\cdots$ ，取决于量化时灰度分级范围。

如果线性量化的分级比较大，例如取 $n=12$ ，相应的量化灰度分层总数为4096，则将该值代入式(4-26)后可看到，由量化过程引起的误差很小。而当 n 值较小时，例如 $n=4,3,2$ 时，量化误差会相应地增大，图像失真将越来越明显。所以对于均匀量化，量化分层越多，误差就越小，但编码所要用的码字的比特数也就越多。

2. 非均匀量化

在一定的比特数下，为了减少量化误差，往往采用非均匀量化方式，非均匀量化方式，通常有两种情况。第一种情况是基于人的视觉特性要求，由于人眼的掩盖效应，对于亮度值急剧变化部分则无必要进行过细的分层，只需进行粗量化；而对亮度值变化比较平缓的部分，就要进行较细的分层，即需进行细量化。第二种情况是先计算所有可能的亮度值出现的概率分布，对于出现概率大的那些亮度值进行细量化，对于出现概率小的那些亮度值则进行粗量化。可以想象出，这些方法，既能减小量化误差，又能保证以尽量少的比特数实现量化。

1）最佳量化

尽量使量化误差最小的量化方法，称为最佳量化。在这里，相邻判决电平间的差值以及相邻量化值间的差值，都是不相等的。实现最佳量化采用的最佳量化器，其设计方法通常有两种：一种是客观的计算方法，它根据量化误差的均方值为最小的原则，计算出判决电平和量化器输出的电平值；另一种是主观准则设计法，它根据人眼的视觉特性设计量化器。

这里主要介绍一下最小均方误差量化器设计方法。

设 Z 和 q 分别代表输入图像样本幅度和该幅度的量化值；$P(Z)$ 为图像样本幅度概率密度函数；Z 的取值范围限定在 $H_1 \sim H_2$ 之间；量化总层数为 k，δ^2 表示量化器输出、输入间的均方误差。

根据均方误差定义可得

$$\delta^2 = \sum_{k=1}^{K} \int_{Z_k}^{Z_{k+1}} (Z - q_k)^2 P(Z) \mathrm{d}Z \tag{4-27}$$

当量化层数 k 很大时，每一个判决层内的概率密度 $P(Z)$ 可以近似认为是均匀分布的，即 $P(Z)$ 为一个常数，因此有

$$\delta^2 = \sum_{k=1}^{K} P(Z) \int_{Z_k}^{Z_{k+1}} (Z - q_k)^2 \mathrm{d}Z = \frac{1}{3} \sum_{k=1}^{K} P(Z)[(Z_{k+1} - q_k)^2 - (Z_k - q_k)^2] \tag{4-28}$$

将式（4-28）分别对 Z_k 和 q_k 求导，并令其为 0，可以解得

$$Z_k = \frac{1}{2}(q_{k-1} + q_k), \quad k = 2, 3, \cdots, K \tag{4-29}$$

$$q_k = \frac{\int_{Z_k}^{Z_{k+1}} Z P(Z) \mathrm{d}Z}{\int_{Z_k}^{Z_{k+1}} P(Z) \mathrm{d}Z}, \quad k = 1, 2, \cdots, K \tag{4-30}$$

由式（4-29）和式（4-30）可以看出，对最佳量化来讲，判决层 Z_k 位于相应的两个量化层 q_{k+1} 和 q_k 的中点，而量化层 q_k 位于判决层 Z_k 和 Z_{k+1} 之间部分的形心(类似于力学中的质心)。如果 $P(Z)$ 在整个图像幅度范围 H_1 和 H_2 内是均匀分布的，即 $P(Z)$ 为某个常数，则式(4-30)变为

$$q_k = \frac{1}{2}(Z_k + Z_{k+1}), \quad k = 1, 2, \cdots, K \tag{4-31}$$

可以看出，同时满足式（4-29)和式(4-31)的量化就是均匀量化最佳。这种情况下的量化误差为 $k^2/12$。

但是在实际应用中，$P(Z)$ 一般都不是均匀分布，但可以由直方图近似求得。这时式(4-29)和式(4-30)就应采用反复迭代方法进行求解。式(4-29)和式(4-30)

中的 Z_1 和 Z_{k+1} 是已知的，在计算时，首先假设一个 q_1，然后计算 Z_2，再接着计算 q_2，Z_3，q_3，$\cdots$，Z_k，q_k。最后检验 q_k 是否是 Z_k 和 Z_{k+1} 之间 $P(Z)$ 的形心。如不是，要调整 q_1，再重复上述计算，直到 q_k 接近于 Z_k 和 Z_{k+1} 之间 $P(Z)$ 的形心为止。这样的迭代过程计算起来比较麻烦。Max 提出一种方法，他已针对不同分布的 $P(Z)$，算出了最佳量化和判决层位置值，见表4-1。在某些比较接近的情况下，可以直接套用。

表4-1　Max量化器中判决层和量化层位置

比特	均匀		高斯		拉普拉斯		雷利	
	Z_k	q_k	Z_k	q_k	Z_k	q_k	Z_k	q_k
1	− 1.000 0 0.000 0 1.000 0	− 0.500 0 0.500 0	−∞ 0.000 0 ∞	− 0.797 9 0.797 9	−∞ 0.000 0 ∞	-0.707 1 0.707 1	0.000 0 2.098 5 ∞	1.265 7 2.931 3
2	− 1.000 0 − 0.500 0 − 0.000 0 0.500 0 1.000 0	− 0.750 0 − 0.250 0 0.250 0 0.750 0	−∞ − 0.981 6 0.000 0 0.981 6 ∞	− 1.510 4 − 0.452 8 0.452 8 1.510 4	−∞ − 1.26 9 0.000 0 1.126 9 ∞	-1.834 0 -0.419 8 0.419 8 1.834 0	0.000 0 1.254 5 2.166 7 3.246 5 ∞	0.807 9 1.701 0 2.632 5 3.860 4
3	− 1.000 0 − 0.750 0 − 0.500 0 − 0.250 0 0.000 0 0.250 0 0.500 0 0.750 0 1.000 0	− 0.875 0 − 0.625 0 − 0.375 0 − 0.125 0 0.125 0 0.375 0 0.625 0 0.875 0	−∞ − 1.747 9 − 1.050 0 − 0.500 5 0.000 0 0.500 5 1.050 0 1.747 9 ∞	− 2.151 9 − 1.343 9 − 0.756 0 − 0.245 1 0.245 1 0.756 0 1.343 9 2.151 9	−∞ − 2.379 6 − 1.252 7 − 0.533 2 0.000 0 0.533 2 1.252 7 2.379 6 ∞	− 3.086 7 − 1.672 5 − 0.833 0 − 0.233 4 0.233 4 0.833 0 1.672 5 3.086 7	0.000 0 0.761 9 1.259 4 1.732 7 2.218 2 2.747 6 3.370 7 4.212 4 ∞	0.501 6 1.022 2 1.496 6 1.968 8 2.467 5 3.027 7 3.713 7 4.711 1

比特	均匀		高斯		拉普拉斯		雷利	
	Z_k	q_k	Z_k	q_k	Z_k	q_k	Z_k	q_k
4	−1.000 0	−0.937 5	−∞	−2.732 6	−∞	−4.431 1	0.000 0	
	−0.850 0	−0.812 5	−2.400 8	−2.069 0	−3.724 0	−3.016 9	0.460 6	0.305 7
	−0.750 0	−0.687 5	−1.843 5	−1.618 0	−2.597 1	−2.177 3	0.750 9	0.615 6
	−0.625 0	−0.562 5	−1.437 1	−1.256 2	−1.877 6	−1.577 8	1.013 0	0.886 3
	−0.500 0	−0.437 5	−1.099 3	−0.942 3	−1.344 4	−1.111 0	1.262 4	1.139 7
	−0.375 0	−0.312 5	−0.799 5	−0.656 8	−0.919 8	−0.728 7	1.506 4	1.385 0
	−0.250 0	−0.187 5	−0.522 4	−0.388 0	−0.566 7	−0.404 8	1.749 9	1.627 7
	−0.125 0	−0.062 5	−0.258 2	−0.128 4	−0.266 4	−0.124 0	1.997 0	1.872 1
	0.000 0	0.062 5	0.000 0	0.128 4	0.000 0	0.124 0	2.251 7	2.122 0
	0.125 0	0.187 5	0.258 2	0.388 0	0.266 4	0.404 8	2.518 2	2.381 4
	0.250 0	0.312 5	0.522 4	0.656 8	0.566 7	0.728 7	2.802 1	2.655 0
	0.375 0	0.437 5	0.799 5	0.942 3	0.919 8	1.111 0	3.111 0	2.949 2
	0.500 0	0.562 5	1.099 3	1.256 2	1.344 4	1.577 8	3.456 6	3.272 9
	0.625 0	0.687 5	1.437 1	1.618 0	1.877 6	2.177 3	3.858 8	3.640 3
	0.750 0	0.812 5	1.843 5	2.069 0	2.597 1	3.016 9	4.357 9	4.077 2
	0.875 0	0.937 5	2.400 8	2.732 6	3.724 0	4.431 1	5.064 9	4.638 5
	1.000 0		∞				∞	5.491 3

2）压扩量化

对概率密度函数 $P(Z)$ 为非均匀分布的图像作量化的另一种方法是压扩量化。所谓压扩量化方法，即先将图像信号样本进行非线性变换，使其概率密度函数 $P(Z)$ 变为均匀分布，再采用均匀量化方法加以量化，然后再进行对应的非线性反变换，过程如图4-5所示。

图4-5 压扩量化

对不同的 $P(Z)$ 常用的正变换和反变换函数见表4-2。

表4-2　压扩量化变换函数

	概率密度	正变换	反变换
高斯分布	$p(f)=(2\pi\sigma^2)^{-\frac{1}{2}}\exp(-\dfrac{f^2}{2\sigma^2})$	$g=\dfrac{1}{2}\mathrm{erf}(\dfrac{f}{\sqrt{2}\,\sigma})$	$\hat{f}=\sqrt{2}\,\sigma\,\mathrm{erf}^{-1}(2\hat{g})$
雷利分布	$p(f)=\dfrac{f}{\sigma^2}\exp(-\dfrac{f^2}{2\sigma^2})$	$g=\dfrac{1}{2}-\exp(-\dfrac{f^2}{2\sigma^2})$	$\hat{f}=[\sqrt{2}\,\sigma^2\ln\{1/(\dfrac{1}{2}-\hat{g})\}]^{\frac{1}{2}}$
拉普拉斯分布	$p(f)=\dfrac{a}{2}\exp(-a\lvert f\rvert)$ $a=\dfrac{\sqrt{2}}{\sigma}$	$g=\dfrac{1}{2}[1-\exp(-af)],f\geqslant 0$ $g=-\dfrac{1}{2}[1-\exp(af)],f<0$	$\hat{f}=\dfrac{1}{a}\ln(1-2\hat{g}),\hat{g}\geqslant 0$ $\hat{f}=\dfrac{1}{a}\ln(1+2\hat{g}),\hat{g}<0$

注：$\mathrm{erf}(x)=\dfrac{2}{\sqrt{\pi}}\int_0^x\exp(-y^2)\mathrm{d}y$

彩色图像量化所采用的方法，一般就是对红(R)、绿(G)、蓝(B)三个分量作压扩变换的量化方法。由于人眼对 R、G、B 的亮度的灵敏度不同，要采用不同的特性的压扩变换，以获得比较好的主观色彩效果。其典型的量化模型如图4-6所示。

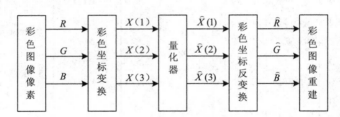

图4-6　彩色图像量化模型

3）矢量量化

前面所讨论的量化是把经过采样后图像的亮度信号序列中的每一个亮度值分别按着给定的方法进行量化，这种量化称为标量量化。

矢量量化则是把图像亮度信号序列中每若干（K）个样点组成一组，形成所谓 K 维空间的一个矢量，然后再对这些矢量进行量化。例如，当输入亮度信号序列 $X=\{X_n\}$ 时，取每两个像素组成一个矢量，即 $K=2$，这样就得到 $n/2$ 个二维矢量 X_1，X_1，$\cdots$，$X_{n/2}$，作矢量量化就是先量化 X_1，然后再 X_2，等等，如果将此二维矢量记为(f_1，f_2)，再令 $N=n/2$，那么，这 N 个矢量族总属于由(f_1，f_2)组成的二维欧几里得空间，用符号来表示就是 $X\subset\mathbf{R}^2$。这里的矢量量化就是

把 $\mathbf{R}^2$(亦即平面)先划分成若干个块(S_1, S_2, …, S_J),然后从每一块中选择一个代表,共选择出 J 个代表,这样就构成了一个 J 级二维矢量量化模式(或量化器)。亦可以把此量化方法推广到更为一般的情况,即把一个 K 维模拟矢量 $X_j \in \mathbf{R}^k$,映射为另一个 K 维矢量 $Y_i (Y_i \in \mathbf{R}^K, i = 1, 2, \cdots, J)$。用数学式表示即为

$$Q(X_j) = Y, \quad j = 1, 2, \cdots, N \tag{4-32}$$

式中:X_j 称为输入矢量;Y_i 为码矢或码字;Q 为量化函数。

所有 X_j 的集合 X,称为信源空间;而所有 Y_i 的集合 Y,称为输出空间或码书。矢量量化是一种高效量化技术,但实现起来比较困难。

4.2.3 采样、量化对图像质量的影响

当采样点数和量化级数不同时,直接关系到图像的清晰度,采样点数增加,量化级数提高,图像质量会越高。为此,在保证图像一定质量的前提下,为了不增大不必要的数据量,不致给传输或存储造成额外的压力,合理选取采样点数和量化级数非常必要。

采用不均匀采样和不均匀量化的方法,可在不增加采样点数和不加大量化级数的情况下,保证图像质量不致受损。例如,当采样点总数固定时,自适应改变采样密度,在图像细节多、灰度变化大的边界处,将采样密度自动提高;而对背景区,在图像细节较少、灰度变化很小的范围将采样密度自动降低。非均匀量化技术利用的是人眼的所谓视觉掩盖特性,即人眼对灰度变化剧烈的边界处的灰度级分辨能力较低的特性,这时可采用较少的量化级;在灰度变化不大的平缓区域,为避免出现附加噪声,量化分层级数要适当多些,否则平缓的变化将会被淹没。

4.3 图像格式

在计算机中,数据都是以文件的形式存储在存储器中,图像数据也不例外。图像文件就是以数字形式存储起来的图像。为了便于读写,图像数据一般以一定的格式和规律进行存放。现在已有几十种图像文件格式,虽然它们不尽相同,但是都具有相似的特性。常见的存储格式有 bmp、jpg、tiff、gif、pcx、tga、exif、fpx, svg、psd、cdr、pcd、dxf、ufo、eps、ai、raw 等,这节介绍一下这些图像文件的基本特征和存储格式。

4.3.1 BMP图像文件格式

BMP是一种与硬件设备无关的图像文件格式，使用非常广泛。它采用位映射存储格式，除了图像深度可选以外，不采用其他任何压缩，因此，BMP文件所占用的空间很大。BMP文件的图像深度可选 1bit、4bit、8bit 及 24bit。BMP文件存储数据时，图像的扫描方式是按从左到右、从下到上的顺序。

由于BMP文件格式是Windows环境中交换与图有关的数据的一种标准，因此在Windows环境中运行的图形图像软件都支持BMP图像格式。

典型的BMP图像文件由四部分组成：位图文件头、位图信息头、颜色信息和图像数据，如图4-7所示。

位图文件头（14）		
位图信息	位图信息头（40）	
	调色板数据（8、64或者1024）	
	真彩色图像无调色板	
图像数据		

图4-7　BMP图像文件结构

文件头数据结构主要包含BMP图像文件的大小、文件类型、图像数据偏离文件头的长度等信息。位图信息头数据结构包含BMP图像的宽、高等尺寸信息、压缩方法，以及图像所用颜色数等信息。颜色信息包含图像所用到的颜色表，显示图像时需用到这个颜色表来生成调色板，但是如果图像为真彩色图像，即图像的每个像素用24bit来表示，文件中就没有这一块信息，也不需要操作调色板。文件中的图像数据块表示图像相应的像素值，图像的像素值在文件中的存放顺序为从左到右、从下到上的顺序，也就是说，在BMP文件中首先存放的是图像的最后一行像素，最后才存储图像的第一行像素，但是对于同一行像素，则是按照先左边再右边的顺序进行存储；还有一个需要说明的细节是当文件存储图像的每一行像素时，如果存储该行像素值所占的字节数是4的倍数，则正常存储；否则需要在后端补0，凑足4的倍数。BMP图片示例文件如图4-8所示。

（a）BMP图片

（b）BMP图片的16进制显示

图4-8 BMP图片示例

其中位图文件头：

（1）0000~0001：文件标识，为字母的ASCII码"BM"。

（2）0002~0005:说明文件的大小。

（3）0006~0009：保留区域，填充"00"。

（4）000A~000D：记录图像数据区的位置，位图数据的起始位置用相对于位图文件头的"字节"偏移量表示。

下面介绍BMP文件各部分结构的定义。

（1）BMP文件中第一部分为位图文件头，其结构定义如下：

typedef struct tagBITMAPFILEHEADER

{

WORD bfType;　　　// 位图文件的类型，必须为BM(1~2字节)

DWORD bfSize;　　　// 位图文件的大小，以字节为单位（3~6字节）

WORD bfReserved1; // 位图文件保留字，必须为0(7~8字节)

WORD bfReserved2; // 位图文件保留字，必须为0(9~10字节)

DWORD bfOffBits;　//位图数据的起始位置，以相对于文件头的偏移量表示，

　　　　　　　　　　　以字节为单位（11~14字节）

} BITMAPFILEHEADER;

（2）BMP文件中第二部分为位图信息头，位图描述信息块一共包含40字节，主要用来说明位图的尺寸，其包含的具体内容和意义如下：

①000E~0011:图像描述信息块的大小，为28H。

②0012~0015：宽度（pixel为单位）。

③0016~0019：高度（pixel为单位）。

④001A~001B：plane(平面)总数，恒为1。

⑤001C~001D：记录每个像素所需的位数，决定了图像的颜色数。1（双色），4(16色)，8(256色)，16(高彩色)，或24（真彩色）。

⑥001E~0021：数据压缩方式，0（不压缩），1(BI_RLE8压缩类型，8位压缩)，或2(BI_RLE4压缩类型，4位压缩)。

⑦0022~0025：图像区数据的大小（位图的大小，以字节为单位）。

⑧0026~0029：水平分辨率，每米像素数。

⑨002A~002D：垂直分辨率，每米像素数。

⑩002E~0031：位图实际使用的颜色表中的颜色数。

⑪0032~0035：位图显示过程中重要的颜色数，如果数值为0，表示所有颜色一样重要。

根据以上的分析和介绍，位图信息头结构定义如下：

typedef struct tagBITMAPINFOHEADER

{

DWORD biSize;　// 本结构所占用字节数（15~18字节）

LONG biWidth; // 位图的宽度，以像素为单位（19~22字节）

LONG biHeight; // 位图的高度，以像素为单位（23~26字节）

WORD biPlanes; // 目标设备的级别，必须为1(27~28字节)

WORD biBitCount; // 每个像素所需的位数，必须是1（双色）（29~30字节），4(16色)，8(256色)16(高彩色)或24（真彩色）之一

DWORD biCompression; // 位图压缩类型，必须是0（不压缩）（31~34字节），1(BI_RLE8压缩类型）或2(BI_RLE4压缩类型）之一

DWORD biSizeImage; // 位图的大小(其中包含了为了补齐行数是4的倍数而添加的空字节)，以字节为单位（35~38字节）

LONG biXPelsPerMeter; // 位图水平分辨率，每米像素数（39~42字节）

LONG biYPelsPerMeter; // 位图垂直分辨率，每米像素数（43~46字节）

DWORD biClrUsed;// 位图实际使用的颜色表中的颜色数（47~50字节）

DWORD biClrImportant;// 位图显示过程中重要的颜色数（51~54字节）

} BITMAPINFOHEADER;

对于BMP文件格式，在处理单色图像和真彩色图像时，无论图像数据多么庞大，都不对图像数据进行任何压缩处理，一般情况下，如果位图采用压缩格式，那么16色图像采用RLE4压缩算法，256色图像采用RLE8压缩算法。

（3）BMP文件中第三部分为颜色表。对于不需要调色板的位图文件位图信息头后直接是图像数据。

颜色表实际上是一个数组，共有biClrUsed个元素，数组中每个元素占4字节，每个元素的结构定义如下：

Typedef struct tagRGBQUAD{

BYTE rgbBlue; //该颜色的蓝色分量

BYTE rgbGreen; //该颜色的绿色分量

BYTE rgbRed; //该颜色的红色分量

BYTE rgbReserved; //保留位，必须取0

}RGBQUAD;

（4）BMP文件中第四部分为实际的图像数据。对于用到颜色表的位图，图像数据是该像素在颜色表中的索引值。对于真彩色图，因为没有调色板，所以图像数据就是实际的 R、G、B 值。不同类型的图像数据格式和内容都有所不同。

对于 2 色位图，用 1 位表示该像素的颜色，一般来说 0 表示黑色，1 表示白色，所以 1 个字节可以表示 8 个像素；对于 16 色位图，用 4 位表示该像素的颜色，所以 1 字节可以表示 2 个像素；对于 256 色位图，1 字节刚好可以表示 1 个像素；对于真彩色图，3 字节表示 1 个像素。

图像数据记录了位图的每一个像素值或者该对应像素的颜色表的索引值，图像记录顺序在扫描行内是从左到右，扫描行之间是从下到上，这种格式称为 Botton-Up 位图。位图的一个像素值所占的字节数取决于 biBitCount 值：当 biBitCount=1 时，8 个像素占 1 字节；当 biBitCount=4 时，2 个像素占 1 字节；当 biBitCount=8 时，1 个像素占 1 字节；当 biBitCount=24 时，1 个像素占 3 字节。

需要再次提醒的是，Windows 规定图像文件中一个扫描行所占的字节数必须是 4 的倍数，不足的用 0 来填充。

一个带有调色板的 DIB 图像的结构如图 4-9 所示。

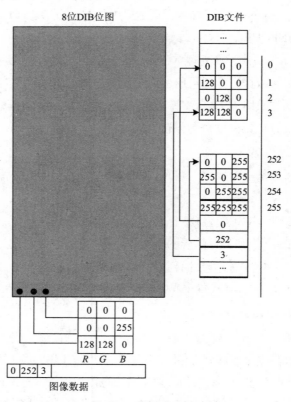

图 4-9　8 位调色位图

可见，BMP 文件是一个优缺点并存的位图文件，其优点是BMP支持1~24bit颜色深度，而且BMP格式与现有 Windows 程序（尤其是较旧的程序）广泛兼容。缺点是BMP不支持压缩，这会造成文件非常大。

4.3.2 JPEG 格式

JPEG（Joint Photographic Experts Group）也是常见的一种图像格式，它由 ISO 和CCITT两大标准组织共同推出，定义了摄影图像通用的压缩编码方法。JPEG是一种压缩位图格式，其文件的扩展名为.jpg 或.jpeg，其压缩技术十分先进，它用有损压缩方式去除冗余的图像和彩色数据，取得极高压缩率的同时能展现十分丰富生动的图像，换句话说，就是可以用最少的磁盘空间得到较好的图像质量。

JPEG 图像文件由以下 8 部分组成：

(1)图像开始标记SOI(Start of Image)。

(2)应用数据块APP0标记(Markers)。

① APP0 长度（length）。

② 标识符（identifier）。

③ 版本号（version）。

④ X 和Y 的密度单位（units,0：无单位；1：点数/英寸；2：点数/厘米）。

⑤ X 方向像素密度（X density）。

⑥ Y 方向像素密度（Y density）。

⑦ 缩略图水平像素数目（thumbnail horizontal pixels）。

⑧ 缩略图垂直水平像素数目（thumbnail vertical pixels）。

⑨ 缩略图RGB 位图（thumbnail RGB bitmap）。

(3) 其他应用数据块APP n 标记(Markers)，其中 $n = 1$~15。

① APP n 长度（length）。

② 其他详细信息（application specific information）。

(4) 一个或者多个量化表DQT(Define Quantization Table)。

① 量化表长度（quantization table length）。

② 量化表数目（quantization table number）。

③ 量化表（quantization table）。

(5) 帧图像开始SOF0(Start of Frame)。

① 帧开始长度(start of frame length)。

② 精度(precision)，每个颜色分量每个像素的位数(bits per pixel per color component)。

③ 图像高度(image height)。

④ 图像宽度(image width)。

⑤ 颜色分量数(number of color components)。

⑥ 颜色分量(for each component)包括ID号、垂直方向的样本因子(vertical sample factor)、水平方向的样本因子(horizontal sample factor)、量化表号(quantization table)等。

(6) 一个或者多个哈夫曼表DHT(Difine Huffman Table)。

① 哈夫曼表的长度(Huffman table length)。

② 类型（type）、AC或者DC。

③ 索引(index)。

④ 位表(bits table)。

⑤ 值表(value table)。

(7)扫描开始SOS(Start Of Scan)。

① 扫描开始长度(start of scan length)。

② 颜色分量数(numble of color components)。

③ 颜色分量包括ID号、交流系数表号(AC table)、直流系数表号（DC table）等。

④ 压缩图像数据(compressed image data)。

(8) 图像结束EOI(End Of Image)。

JPEG图片示例文件如图4-10所示。

（a）JPEG图片

（b）JPEG图片的16进制显示

图4-10　JPEG图像存储格式和内容

其中每一部分表示的含义见表4-3。

表4-3　JPEG图像文件详细结构

偏移	长度(字节)	内容	块的名称	说明
0	2	0xFFD8	SOI	图像开始
2	2	0xFFE0	APP0	应用数据块
4	2		length of APP0	APP0块长度
6	5		APP0标志	识别APP0标记

· 103 ·

偏移	长度(字节)	内容	块的名称	说明
11	1		Major version	主版本号
12	1		Minor version	次版本号
13	1		Units for the X and Y densities	XY的密度单位 Units=0:无单位 Units=1:点数/英寸[①] Units=2:点数/厘米
14	2		X density	水平方向像素密度
16	2		Y density	垂直方向像素密度
18	1		Xthumbnail	缩略图水平方向像素数目
19	1		Ythumbnail	缩略图垂直方向像素数目
	3n		Thumbnail RGB bitmap	缩略RGB位图
⋮	⋮			
	2	0xFFD9	EOI	图像文件结束标记

①1英寸=25.44mm。

JPEG是一种有损压缩格式，能够将图像压缩在很小的存储空间，图像中重复或不重要的资料会丢失，因此容易造成图像数据的损伤。尤其是使用过高的压缩比例，将使最终解压缩后恢复的图像质量明显降低，如果追求高品质图像，不宜采用过高压缩比例。而且JPEG是一种很灵活的格式，具有调节图像质量的功能，允许用不同的压缩比例对文件进行压缩，支持多种压缩级别，压缩比率通常为10:1~40:1，压缩比越大，品质就越低；相反地，压缩比越小，品质就越好。比如可以把1.37MB的BMP位图文件压缩至20.3KB。当然也可以在图像质量和文件尺寸之间找到平衡点。JPEG格式压缩的主要是高频信息，对色彩的信息保留较好，适合应用于互联网，可减少图像的传输时间，可以支持24bit真彩色，也普遍应用于需要连续色调的图像。

JPEG格式的应用非常广泛，特别是在网络和光盘读物上，都能找到它的身影。各类浏览器均支持JPEG这种图像格式，因为JPEG格式的文件尺寸较小，下载速度快。

最后来总结一下JPEG图像的优缺点。

(1) 优点：

① 摄影作品或写实作品支持高级压缩。

② 利用可变的压缩比可以控制文件大小。

③ 支持交错（对于渐近式 JPEG 文件）。

④ JPEG 广泛支持 Internet 标准。

（2）缺点：

① 有损耗压缩会使原始图片数据质量下降。

② JPEG 不适用于所含颜色很少、具有大块颜色相近的区域或亮度差异十分明显的较简单的图片。

4.3.3 TIFF 图像文件格式

TIFF（Tag Image File Format）是 Mac 中广泛使用的图像格式，它是由 Aldus 和微软联合开发设计的图像文件格式，最初是出于跨平台存储扫描图像的需要而设计的。它最大的特点是图像格式复杂、存储信息多。正因为它存储的图像细微层次的信息非常多，图像的质量也得以提高，故而非常有利于原稿的复制。

TIFF 文件有如下特点：

（1）善于应用指针的功能，可以存储多幅图像。

（2）文件内数据区没有固定的排列顺序，只规定表头必须在文件前端，对于标志信息区和图像数据区在文件中可以随意存放。

（3）可制定私人用的标志信息。

（4）除了一般图像处理常用的 RGB 模式之外，TIFF 图像文件还支持 YCrCb 等多种不同的图像模式。

（5）可存储多份调色板数据。

（6）调色板的数据类型和排列顺序较为特殊。

（7）能提供多种不同的压缩数据的方法，如 RLE 压缩及 JPEG 压缩等。

（8）图像数据可分割成几个独立的部分分别存档。

TIFF 图像文件主要由 3 部分组成：文件头、一个或多个称为 IFD（Image File Directory）的包含标记指针的文件目录区和图像数据区。

（1）TIFF 图像文件中的第一个数据结构称为图像文件头（Image File Header，IFH）。这个结构是一个 TIFF 文件中唯一的、有固定位置的部分。文件头只有 8 字节，且一定要位于文件最前端，其中包含了解释 TIFF 文件其他部分内容的重要信息。

①IFH 的第一个域为字节分类域，标志着 TIFF 创建时的字节分类：

　　MM：表示摩托罗拉的格式。

　　II：表示 Intel 的格式。

由于这两种表示的存在，TIFF 文件可以被这两种类型的处理器处理。

②IFH 第二个域是版本域，用来确认该文件为 TIFF 文件，但是这个域值一般不表示版本号，而是固定为特定的十进制数 42。

③IFH 最后一个域包含了从文件的起始到图像文件目录 IFD（Image File Directory）的字节偏移。

（2）TIFF 文件可以有一个或者多个图像文件目录（IFD），其中的标记信息区是 TIFF 文件的核心部分，在图像文件目录中定义了要用的所有图像参数，目录中的每一目录条目就包含图像的一个参数。

若文件中只存储一幅图像，则将标识信息区内容置 0，表示文件内无其他标识信息区，只存储单幅 TIFF 图像的文件结构。如果有多核 IFD，则标志文件存放多幅图像，则在第一个标识信息区末端加一个非 0 的长整数值，表示下一个标识信息区在文件中的地址，只有最后一个标识信息区的末端才会出现值为 0 的长整数，表示图像文件内不再有其他的标识信息区。

（3）TIFF 数据区。TIFF 文件中图像数据区（TDF）存放的是 TIFF 图像的具体内容。其内容包括 TIFF 图像文件是如何进行压缩和保存的、图像数据是如何排列的、图像是如何进行分割的等具体信息。

在 TIFF 文件中，图像数据的排列顺序是一样的，即以图像的左上角作为坐标原点，两个坐标轴的方向分别是从左到右的方向和从上到下的方向。在存取图像时，就是按照该顺序将图像存入 TIFF 文件中。由于图像的色彩不同，存储图像数据的方式也是不同的。一般情况下，256 色的图像在存储时，1 字节只存储一点。依此类推，当图像色彩是单色时，1 字节则是存储了 8 点，16 色图像时是 2 点，而当图像是真彩色时，则是 3 字节只存储了 1 点。

在存储图像时，如果将图像作为一个整体来存储，将会占用巨大的存储空间。所以，TIFF 文件在存储图像时，总是将图像分割成几个部分，经过压缩后再进行存储。TIFF 文件对图像进行分割有两种情况：一种是带状分割；一种是块状分割。顾名思义，前者是将图像分割成一个个条状的组合，后者是将图像分割成一个个块。在 TIFF 文件中，无论是将图像进行条状分割还是进行块状分割，都将会使用一些标志信息，来标记图像的有关存储信息。

如果 TIFF 图像进行带状分割时，它的具体分割信息表示如下：

```
Typedef struct{
Unsigned int counts;    //分割后的每个数据条的长度
Unsigned int rows:      //数据条的大小
Unsigned long offset;   //数据条在文件中的起始地址
}TIFFCOUNT
```

如果 TIFF 图像进行块状分割时，它的具体分割信息表示如下：

```
typedef struct
{
    Unsigned int width;     //分割后的每个块的列数，必须是16的倍数
    Unsigned int length:    //分割后的每个块的行数，必须是16的倍数
    Unsigned int counts:    //每个数据块的大小
    Unsigned long offset;   //每个数据块在文件中的起始地址
}TIFFCOUNT;
```

TIFF 图像文件一般分为三类：

第一类为黑白图像，这时用1bit表示一个像素。

第二类为灰度图像，这时用2~8bit的一个颜色深度来显示一个像素，这样能达到的颜色数目为4~256个灰度级。

第三类为彩色图像，这时由调色板和RGB值来表示，可以达到每个像素24bit的颜色深度。

4.3.4 PNG 图像文件格式

PNG (Portable Network Graphic Format)，流式网络图形格式是一种位图文件存储格式，是20世纪90年代中期开始开发的图像文件存储格式，其目的是企图替代GIF和TIFF文件格式，同时增加一些GIF文件格式所不具备的特性。该格式使用无损压缩来减少图片的大小，同时保留图片中的透明区域，所以文件

也略大。

PNG适用于任何类型的图片，用来存储灰度图像时，灰度图像的深度可多到16位，存储彩色图像时，彩色图像的深度可多到48位，并且还可存储多到16位的a通道数据。PNG使用从LZ77派生的无损数据压缩算法。

PNG图像格式文件由一个8字节的PNG文件署名(PNG file signature)域和按照特定结构组织的3个以上的数据块(chunk)组成。

1. PNG文件署名域。

PNG文件署名域占用8字节的空间，用来识别该文件是不是PNG文件,相当于标识符。该域的值是：十进制数137、80、78、7l、13、10、26、10，对应的十六进制数分别是89、50、4e、47、0d、0a、1a、0a。

2. PNG数据块结构。

PNG定义了两种类型的数据块：一种称为关键数据块(critical chunk)；另一种叫做辅助数据块(ancillary chunk)，这是可选的数据块。

1）关键数据块

关键数据块定义了4个标准数据块，每个PNG文件都必须包含它们，PNG读写软件也都必须支持这些数据块。关键数据块中的4个标准数据块内容如下：

（1）图像文件头数据块 (image header chunk，IHDR)：它包含PNG文件中存储的图像数据的基本信息，并要作为第一个数据块出现在PNG数据流中，而且一个PNG数据流中只能有一个文件头数据块。文件头数据块由13字节组成。

（2）图像调色板数据块 (Image Palette chunk，PLTE)：它包含与索引彩色图像相关的彩色变换数据，它仅与索引彩色图像有关，而且要放在图像数据块(image data chunk)之前。真彩色的PNG数据流也可以有调色板数据块，目的是便于非真彩色显示程序用它来量化图像数据，从而显示该图像。

（3）图像数据块 (image data chunk，IDAT)：它存储实际的数据，在数据流中可包含多个连续顺序的图像数据块。

（4）图像结束数据块 (image end chunk，IEND)：它用来标记PNG文件或者数据流已经结束，并且必须要放在文件的尾部。

除了表示数据块开始的IHDR必须放在最前面、表示PNG文件结束的IEND数据块放在最后面之外，其他数据块的存放顺序没有限制。

2）辅助数据块

虽然 PNG 文件规范没有要求 PNG 编译码器对可选数据块进行编码和译码，但规范提倡支持可选数据块。PNG 文件格式规范制定的 10 个辅助数据块如下：

（1）背景颜色数据块 (background color，bKGD)。

（2）基色和白色度数据块 (primary chromaticities and white point，cHRM)。所谓白色度是指当 R=G=B = 最大值时在显示器上产生的白色度。

（3）图像 Y 数据块 (image gamma，gAMA)。

（4）图像直方图数据块 (image histogram，hIST)。

（5）物理像素尺寸数据块 (physical pixeI dimensions，pHYs)。

（6）样本有效位数据块 (significant bits，sBIT)。

（7）文本信息数据块 (textual data，tEXt)。

（8）图像最后修改时间数据块 (image last-modification time，tIME)。

（9）图像透明数据块 (transparency，tRNS)。

（10）压缩文本数据块 (compressed textual data，zTXt)。

综上所述，PNG 文件中包含的关键数据块、辅助数据块和专用公共数据块的特点总结见表4-4。

表4-4　PNG数据块特点总结

数据块符号	数据块名称	是否多数据块	是否可选	位置限定
IHDR	文件头数据块	否	否	第一块
cHRM	基色和白色点数据块	否	是	在 PLTE 和 IDAT 之前
gAMA	图像 Y 数据块	否	是	在 PLTE 和 IDAT 之前
sBIT	样本有效位数据块	否	是	在 PLTE 和 IDAT 之前
PLTE	调色板数据块	否	是	在 IDAT 之前
bKGD	背景颜色数据块	否	是	在 PLTE 之后，IDAT 之前
hIST	图像直方图数据块	否	是	在 PLTE 之后，IDAT 之前
tRNS	图像透明数据块	否	是	在 PLTE 之后，IDAT 之前
oFFs	（专用公共数据块）	否	是	在 IDAT 之前
pHYs	物理像素尺寸数据块	否	是	在 IDAT 之前
sCAL	（专用公共数据块）	否	是	在 IDAT 之前

数据块 符号	数据块名称	是否 多数据块	是否可选	位置限定
IDAT	图像数据块	是	否	与其他IDAT连续
tIME	图像最后修改时间数据块	否	是	无限制
tEXt	文本信息数据块	是	是	无限制
zTXt	压缩文本数据块	是	是	无限制
fRAc	（专用公共数据块）	是	是	无限制
gIFg	（专用公共数据块）	是	是	无限制
gIFt	（专用公共数据块）	是	是	无限制
gIFx	（专用公共数据块）	是	是	无限制
IEND	图像结束数据块	否	否	最后一个数据块

4.3.5 其他图像格式

1. GIF格式

GIF格式是英文 Graphics Interchange Format（图形交换格式）的缩写。顾名思义，这种格式是用来交换图片的。事实上也是如此，20世纪80年代（1987年），美国一家著名的在线信息服务机构 CompuServe 针对当时网络传输带宽的限制，开发出了这种GIF图像格式。

GIF文件主要支持256色彩色图像，其特点是采用压缩比较大的Lzw压缩法，以及同一文件可以存储多幅图像等。它由全局信息表、调色板数据、局部信息表和像素数据4部分组成，GIF图像文件结构见表4-5。

表4-5　GIF图像文件结构

数据类型	标识符	内容
struct GIFGLOBAL	Gifglobal	全局信息，13字节
struct VGA_PAL	gif_pal[]	调色板数据，长度不定
struct GIFLOCAL	Giflocal	局部信息，10字节
BYTE	bitmap[]	像素数据
Char	Flag	块末标记："："为结束符，文件结束； "，"为局部表标示，说明后面为图像； "！"扩展标志，说明后面有文本注释

其中全局信息表和局部信息表的长度是固定的，分别为13字节和10字节，见表4-6和表4-7。整个文件只有一个全局信息表，每幅图像有一个局部信息表，局部信息表以逗号作前导符，整个文件以分号结尾。GIF文件格式只支持二值、16色和256色3种图像类型，不支持真彩色图像。

表4-6　全局信息表结构

位置	数据类型	标识符	内容
0	Char	version[3]	文件标志，为GIF
3	Char	version[3]	版本号，为87a或89a
6	WORD	screen_width	屏幕宽度
8	WORD	screen_depth	屏幕高度
10	Char	global_flag	全局标志 D7表示有无调色板数据，0表示无，1表示有 D2~D0取0、3、7值时分别表示每像素位1、4、8
11	Char	back_color	背景色
12	Char	Zero	数值0做分隔符

表4-7　局部信息表结构

位置	数据类型	标识符	内容
0	Char	comma	逗号为局部信息头的前导符
1	WORD	image_left	图像左边坐标
3	WORD	image_top	图像顶部坐标
5	WORD	image_wide	图像宽度
7	WORD	image_deep	图像高度
9	BYTE	local_flag	局部标志

GIF图像文件的数据是经过压缩的，而且是采用了可变长度等压缩算法，所以GIF的图像深度为1~8bit，也即GIF最多支持256种色彩的图像。GIF格式的另一个特点是其在一个GIF文件中可以存多幅彩色图像，如果把存于一个文件中的多幅图像数据逐幅读出并显示到屏幕上，就可构成一种最简单的动画。

GIF解码较快，因为采用隔行存放的GIF图像，在边解码边显示的时候可分成四遍扫描。第一遍扫描虽然只显示了整个图像的1/8，第二遍的扫描后也只显示了1/4，但这已经把整幅图像的概貌显示出来了。在显示GIF图像时，隔行存放的图像会给您感觉到它的显示速度似乎要比其他图像快一些，这是隔行存放的优点；另外，GIF不支持Alpha透明通道。此外，考虑到网络传输中的实际情况，GIF图像格式还增加了渐显方式，也就是说，在图像传输过程中，用户可以先看到图像的大致轮廓，然后随着传输过程的继续而逐步看清图像中的细节部分，从而适应了用户的"从朦胧到清楚"的观赏心理。目前Internet上大量采用的彩色动画文件多为这种格式的文件。

但GIF有个小小的缺点，即不能存储超过256色的图像。尽管如此，这种格式仍在网络上大行其道应用，这和GIF图像文件短小、下载速度快、可用许多具有同样大小的图像文件组成动画等优势是分不开的。

2. PCX格式

PCX格式（个人电脑交换）是ZSOFT公司在开发图像处理软件Paintbrush时开发的一种格式，这是一种经过压缩的格式，占用磁盘空间较少。

最先的PCX雏形是出现在ZSOFT公司推出的名叫PC PAINBRUSH的用于绘画的商业软件包中。以后，微软公司将其移植到Windows环境中，成为Windows系统中一个子功能。先在微软的Windows3.1中广泛应用，随着Windows的流行、升级，加之其强大的图像处理能力，使PCX同GIF、TIFF、BMP图像文件格式一起被越来越多的图形图像软件工具所支持，也越来越得到人们的重视。

PCX是最早支持彩色图像的一种文件格式，现在最高可以支持256种彩色。PCX设计者很有眼光地超前引入了彩色图像文件格式，使之成为非常流行的图像文件格式。

PCX图像文件由文件头、实际图像数据和尾部的扩展调色板3部分构成。其中扩展调色板只有256色和黑白灰阶图像中有，如图4-11所示。

图像文件头 （共128个字节，包括16色调色板）
像素数据
扩展调色板 （仅256色图像有此域）

图4-11　PCX图像文件结构

文件头由128字节组成，用来描述版本信息和图像显示设备的横向、纵向分辨率及调色板等信息，具体内容见表4-8。实际图像数据用来表示图像数据类型和彩色类型。PCX图像文件中的数据都是利用PCXREL技术压缩之后的图像数据。

表4-8 PCX文件头结构

位置	数据类型	标识符	内容
0	BYTE	Header	图像类型标志,常数10
1	BYTE	version	版本号,0~5
2	BYTE	Encode	编码类型,总为1,表示行程编码
3	BYTE	BitperPixel	位平面上位数,为1、2、4、8
4	WORD	X1	图像左上角X坐标,像素位单位
6	WORD	Y1	图像左上角Y坐标
8	WORD	X1	图像右下角X坐标,像素位单位
10	WORD	Y1	图像右下角Y坐标
12	WORD	Hres	水平分辨率,每英寸点数
14	WORD	Vres	垂直分辨率
16	struct VGA_PAL	pal[16]	16色的调色板数据,共48字节
64	BYTE	reserved1	保留,总是0
65	BYTE	NUMonPlane	为平面数,1、4、3
66	WORD	BytesperLine	位平面上的每行字节数,总取偶数
68	BYTE	Reserved2[]	保留备用

可见PCX图像文件的优点是在许多基于Windows的程序和基于MS-DOS的程序间是标准格式，而且支持内部压缩；缺点是PCX不受Web浏览器支持。

3. TGA格式

TGA（Tagged Graphics），已标记的图形格式是由美国Truevision公司为其显示卡开发的一种图像文件格式，文件扩展名为".tga"，已被国际上的图形、图像工业所接受。TGA的结构比较简单，属于一种图形、图像数据的通用格式，在多媒体领域有很大影响，是计算机生成图像向电视转换的一种首选格式。

TGA格式是存放高质量彩色图像的常用格式，原来用于高档电视图像采集卡，故现有的TGA文件大多数是24或32位真彩色图像。它只支持256色以上图像模式，而不支持二值和16色图像。目前，PC机上的高、真彩色显示模式就是采用这种高档电视图像采集卡上的技术。由于它的真彩色图像像素各分量的排列顺序与PC机上VGA调色板中的RGB相反，是BGR的排列顺序。因此，造成了目前PC机上调色板与真彩色图像像素数据中颜色分量排列顺序的不一致。在TGA文件中调色板数据与真彩色图像像素数据中颜色分量排列顺序相同，都为BGR。

　　TGA文件由文件头、标志字段、调色板数据和像素数据4部分组成，见表4-9。

表4-9　TGA图像文件结构

数据类型	标识符	内容
struct TGAHEAD	tgahead	图像文件头，18字节
char	note[]	标注字段
struct TGA_PAL	pal[]	调色板数据，当ColorType=1时才有，顺序为BGR
BYTE	bitmap[]	像素数据，各分量排列顺序为BGR

　　其中文件头长度是固定的，为18字节。标志字段和调色板数据的有无根据文件头前两字节而定。图像类型与数据是否压缩由文件头第三字节确定。文件头的结构见表4-10。

表4-10　TGA图像文件头结构

位置	数据类型	标识符	内容
0	BYTE	ldLength	图像描述长度，0：无描述
1	BYTE	ColorType	色彩表类型，表示有无调色板，0/1对应无/有
2	BYTE	ImageType	图像类型：D3位表示压缩类型（0/1对应否/是压缩），D1、D0位表示图像类型 0：无图像数据 1：未压缩，256色图像 2：未压缩真彩色图像 3：未压缩灰阶图像 9：行程编码（runlength）的256色图像 10：行程编码（runlength）的真彩图像 11：压缩的灰阶图像

位置	数据类型	标识符	内容
3	WORD	FirstColor	第一个调色板寄存器号码
5	WORD	ColorLength	色彩数
7	BYTE	ColorBit	调色板位数,256色为24位
8	WORD	X0	图像X向原点,在左下角
10	WORD	Y0	图像Y向原点,在左下角
12	WORD	Width	图像宽度
14	WORD	Height	图像高度
16	BYTE	Bits	每像素位数为8、16、24、32
17	BYTE	AttribBit	图像描述,D5D4位表示存储顺序 D5:0—由下而上,1—由上而下 D4:0—由左至右,1—由右至左

　　TGA图像格式最大的特点是可以做出不规则形状的图形、图像文件,一般图形、图像文件都为四方形,若需要有圆形、菱形甚至是镂空的图像文件时,TGA可就派上用场了!TGA格式支持压缩,使用不失真的压缩算法,是一种比较好的图片格式。

　　4. FPX格式

　　闪光照片(kodak Flash PiX,FPX),扩展名为.fpx,由柯达、微软、HP及Live PictureInc联合研制,并于1996年6月正式发表。FPX是一个拥有多重分辨率的影像格式,即影像被储存成一系列高低不同的分辨率,这种格式的好处是当影像被放大时仍可维持影像的质素,另外,当修饰FPX影像时,只会处理被修饰的部分,不会把整幅影像一并处理,从而减小处理器及记忆体的负担,使影像处理时间减少。其多分辨率的存储方式为很多人所青睐。

　　5. SVG格式

　　可缩放矢量图形(Scalable Vector Graphics,SVG),它是基于XML(标准通用标记语言的子集),由万维网联盟进行开发的。一种开放标准的矢量图形语言,可任意放大图形显示,边缘异常清晰,文字在SVG图像中保留可编辑和可搜寻的状态,没有字体的限制,生成的文件很小,下载很快,十分适合用于设计高分辨率的Web图形页面。

6. PSD格式

PhotoShopDocument（PSD），这是 Photoshop 图像处理软件的专用文件格式，文件扩展名是.psd，可以支持图层、通道、蒙板和不同色彩模式的各种图像特征，是一种非压缩的原始文件保存格式。扫描仪不能直接生成该种格式的文件。PSD文件有时容量会很大，但由于可以保留所有原始信息，在图像处理中对于尚未制作完成的图像，选用 PSD 格式保存是最佳的选择。

7. CDR格式

CDR 格式是著名的绘图软件 CorelDRAW 的专用图形文件格式。由于 Corel-DRAW 是矢量图形绘制软件，所以 CDR 可以记录文件的属性、位置和分页等。但它在兼容度上比较差，只能在 CorelDraw 应用程序中使用，而其他的图像编辑软件却无法打开此类文件。

8. PCD格式

照片激光唱片 （kodak PhotoCD，PCD），文件扩展名是.pod，是 Kodak 开发的一种 Photo CD 文件格式，其他软件系统只能对其进行读取。该格式使用 YCC 色彩模式定义图像中的色彩。YCC 和 CIE 色彩空间包含比显示器和打印设备的 RGB 色、CMYK 色多得多的色彩。PhotoCD 图像大多具有非常高的质量。

9. DXF格式

图纸交换格式（Drawing eXchange Format，DXF），扩展名是 .dxf，是 Auto-CAD 中的图形文件格式，它以 ASCII 方式储存图形，在表现图形的大小方面十分精确。

10. EXIF格式

可交换的图像文件格式（EXchangeable Image file Format，EXIF），是 1994 年富士公司提倡的数码相机图像文件格式，其实与 JPEG 格式相同，区别是除保存图像数据外，还能够存储摄影日期、使用光圈、快门、闪光灯数据等曝光资料和附带信息以及小尺寸图像。

4.4 视频格式

视频是现在电脑和网络多媒体系统中的重要一环。为了适应储存和传播的需要，人们设定了不同的视频文件格式来把视频和音频放在一个文件中，以方便同时回放。现如今各种各样的视频格式如雨后春笋般不断地涌出，为了更加充分地利用各种视频格式进行相应的操作，需要熟悉各种各样的视频格式。下面就来详细地介绍一些常见的视频格式。

1. AVI格式

AVI格式视频的英文全称为 Audio Video Interleaved，即音频视频交错格式。它于1992年由微软公司推出，随 Windows3.1 一起被人们所认识和熟知。所谓"音频视频交错"，就是可以将视频和音频交织在一起进行同步播放和存储，并独立于硬件设备。

由于AVI本身的开放性，获得了众多编码技术研发商的支持，现在几乎所有运行在PC上的通用视频编辑系统，都以支持AVI为主。

这种视频格式的优点是图像质量好，兼容好，调用方便，但是其缺点是体积过于庞大，而且更加糟糕的是AVI文件没有限定压缩标准，由此就造就了AVI的一个"永远的心痛"，即AVI文件格式不具有兼容性。不同压缩标准生成的AVI文件，就必须使用相应的解压缩算法才能将之播放出来，因此经常会遇到高版本Windows媒体播放器播放不了采用早期编码编辑的AVI格式视频，而低版本Windows媒体播放器又播放不了采用最新编码编辑的AVI格式视频。

AVI的文件结构，可以分为"头部""数据""索引"三个部分。

头部部分包含文件的通用信息，定义了数据的格式、所采用的压缩算法等参数。

数据部分是AVI格式文件的主题，里面图像数据和声音数据是交互存放的。

索引部分则保存在文件的尾部，可以通过索引跳转到文件的任意位置。

2. DV-AVI格式

DV 的英文全称是 Digital Video Format，是一种国际通用的数字视频标准，是1996年由索尼、松下、JVC等多家厂商联合提出的一种家用数字视频格式。目前非常流行的数码摄像机就是使用这种格式记录视频数据的。它可以通过电脑的 IEEE 1394 端口传输视频数据到电脑，也可以将电脑中编辑好的视频数据回录到数码摄像机中。这种视频格式的文件扩展名一般也是.avi，所以习惯地称为DV-AVI格式。

DV 视频亮度采样频率为13.5MHz，与 DI 格式相同，使用4:2:0数字分量记录系统。DV 使用DCT帧内压缩，允许2声道、48kHz、16bit 录音，或者4声道、32kHz、12bit录音。

3. MPEG格式

MPEG的英文全称为Moving Picture Experts Group，即运动图像专家组格式，家里常看的VCD、SVCD、DVD就是这种格式。MPEG文件格式是运动图像压缩算法的国际标准，它采用了有损压缩方法，从而减少运动图像中的冗余信息。MPEG的压缩方法说的更加深入一点就是保留相邻两幅画面绝大多数相同的部分，而把后续图像中和前面图像有冗余的部分去除，从而达到压缩的目的。目前MPEG主要压缩标准有MPEG-1、MPEG-2、MPEG-4、MPEG-7与MPEG-21。

MPEG-1：制定于1992年，是针对1.5Mb/s以下数据传输率的数字存储媒体运动图像及其伴音编码而设计的国际标准。也就是通常所见到的VCD制作格式。MPEG-1视频采用YCbCr色彩空间，4:2:0采样，码流一般不超过1.8Mb/s，仅仅支持逐行图像。MPEG-1视频的典型分辨率：352×240@29.97fps(NTSC)或者352*288@25fps(PAL/SECAM)。这种视频格式的文件扩展名包括.mpg、.mlv、.mpe、.mpeg及VCD光盘中的.dat文件等。

MPEG-2：制定于1994年，是针对3~10Mb/s的影音视频数据编码标准。

MPEG-2视频采用YCbCr色彩空间，4:2:0或4:2:2或4:4:4采样，最高分辨率为1920×1080，支持5.1环绕立体声，支持隔行或者逐行扫描。这种格式主要应用在DVD/SVCD的制作（压缩）方面，同时在一些HDTV（高清晰电视广播）和一些高要求视频编辑、处理上面也有相当的应用。这种视频格式的文件扩展名包括.mpg、.mpe、.mpeg、.m2v及DVD光盘上的.vob文件等。

MPEG-4：制定于1998年，是面向低传输速率下的影音编码标准，它可利用很窄的带度，通过帧重建技术压缩和传输数据，以求使用最少的数据获得最佳的图像质量。MPEG-4最有吸引力的地方在于它能够保存接近于DVD画质的小体积视频文件。这种视频格式的文件扩展名包括.asf、.mov和DivX、AVI等。

MPEG-4使用了基于对象的编码（Object Based Encoding）技术，即MPEG-4的视音频场景是由静止对象、运动对象和音频对象等多种媒体对象组合而成，只要记录动态图像的轨迹即可，因此在压缩量及品质上，较MPEG-1和MPEG-2更好。MPEG-4支持内容的交互性和流媒体特性。

MPEG-7：MPEG-7并不是一种压缩编码方法，而是一个多媒体内容描述接口标准（Multimedia Content Description Interface）。继 MPEG-4 之后，要解决的矛盾就是对日渐庞大的图像、声音信息的管理和迅速搜索，MPEG-7 就是针对这个矛盾的解决方案。MPEG-7 力求能够快速且有效地搜索出用户所需的不同类型的多媒体材料。

MPEG-21：MPEG-21 标准称为多媒体框架（Multimedia Framework），其实就是一些关键技术的集成，通过这种集成环境对全球数字媒体资源进行透明和增强管理，实现内容描述、创建、发布、使用、识别、收费管理、产权保护、终端和网络资源抽取、事件报告等功能。MPEG-21 的最终目标是要为多媒体信息的用户提供透明而有效的电子交易和使用环境，将在未来的电子商务活动中发挥重要的作用。

4. DivX 格式

这是由 MPEG-4 衍生出的另一种视频编码（压缩）标准，也即通常所说的 DVDrip 格式，它采用了 MPEG-4 的压缩算法，同时又综合了 MPEG-4 与 MP3 各方面的技术，说白了就是使用 DivX 压缩技术对 DVD 盘片的视频图像进行高质量压缩，同时用 MP3 或 AC3 对音频进行压缩，然后再将视频与音频合成并加上相应的外挂字幕文件而形成的视频格式。其画质直逼 DVD，并且体积只有 DVD 的数分之一。

5. MOV 格式

它是美国 Apple 公司开发的一种视频格式，默认的播放器是苹果的 Quick-TimePlayer，具有较高的压缩比率和较完美的视频清晰度等特点，但是其最大的特点还是跨平台性，即不仅能支持 MacOS，同样也能支持 Windows 系列。

QuickTime 格式大家可能不怎么熟悉，因为它是 Apple 公司开发的一种音频、视频文件格式。QuickTime 用于保存音频和视频信息，现在它被包括 Apple Mac OS、Microsoft Windows 95/98/NT 在内的所有主流电脑平台支持。QuickTime 文件格式支持 25 位彩色，支持领先的集成压缩技术，提供 150 多种视频效果，并配有提供了 200 多种 MIDI 兼容音响和设备的声音装置。新版的 QuickTime 进一步扩展了原有功能，包含了基于 Internet 应用的关键特性。综上，QuickTime 因具有跨平台、存储空间要求小等技术特点，得到业界的广泛认可，目前已成为数字媒体软件技术领域事实上的工业标准。

6. ASF格式

ASF（Advanced Streaming Format）是微软公司推出的高级流媒体格式，也是一个在Internet上实时传播多媒体的技术标准，它使用了MPEG-4的压缩算法，所以压缩率和图像的质量都很不错。

它是微软为了和现在的RealPlayer竞争而推出的一种视频格式，用户可以直接使用Windows自带的Windows Media Player对其进行播放。ASF的主要优点包括本地或网络回放、可扩充的媒体类型、部件下载及扩展性等。ASF应用的主要部件是NetShow服务器和NetShow播放器。有独立的编码器将媒体信息编译成ASF流，然后发送到NetShow服务器，再由NetShow服务器将ASF流发送给网络上的所有NetShow播放器，从而实现单路广播或多路广播。这和Real系统的实时转播则是大同小异。

7. WMV格式

WMV的英文全称为Windows Media Video，也是微软推出的一种采用独立编码方式并且可以直接在网上实时观看视频节目的文件压缩格式。和ASF格式一样，WMV也是采用MPEG-4编码技术，并在其规格上进行了进一步开发。WMV格式的主要优点包括本地或网络回放、可扩充的媒体类型、可伸缩的媒体类型、多语言支持、环境独立性、丰富的流间关系以及扩展性等。

8. RM格式

RM(RealMedia)是RealNetworks公司开发的流媒体文件格式，这类文件可以实现即时播放，即先从服务器上下载一部分视频文件，形成视频流缓冲区后实时播放，同时继续下载，为接下来的播放做好准备，适合在线观看影视。用户可以使用RealPlayer或RealOne Player对符合RealMedia技术规范的网络音频/视频资源进行实况转播，RealMedia具有体积小而又比较清晰的特点，并且还可以根据不同的网络传输速率制定出不同的压缩比率，从而实现在低速率的网络上进行影像数据实时传送和播放。这种格式的另一个特点是用户使用RealPlayer或RealOne Player播放器可以在不下载音频/视频内容的条件下实现在线播放。

RM格式是RealNetworks公司开发的一种新型流式视频文件格式，它麾下共有三员大将：RealAudio、RealVideo和RealFlash。RealAudio用来传输接近CD音质的音频数据，RealVideo用来传输连续视频数据，而RealFlash则是RealNetworks 公司与 Macromedia 公司新近合作推出的一种高压缩比的动画格式。Real-Media 可以根据网络数据传输速率的不同制定了不同的压缩比率，从而实现在低速率的广域网上进行影像数据的实时传送和实时播放。这里主要介绍 RealVideo，它除了可以以普通的视频文件形式播放之外，还可以与 RealServer 服务器相配合，首先由 RealEncoder 负责将已有的视频文件实时转换成 RealMedia 格式，RealServer 则负责广播 RealMedia 视频文件。在数据传输过程中可以边下载边由 RealPlayer 播放视频影像，而不必像大多数视频文件那样，必须先下载然后才能播放。目前，Internet 上已有不少网站利用 RealVideo 技术进行重大事件的实况转播。

9. RMVB 格式

RMVB 全称 Real Variable Bitrate，这是一种由 RM 视频格式升级延伸出的新视频格式，它的先进之处在于 RMVB 视频格式打破了原先 RM 格式那种平均压缩采样的方式，在保证平均压缩比的基础上合理利用比特率资源，就是说静止和动作场面少的画面场景采用较低的编码速率，这样可以留出更多的带宽空间为快速运动的画面场景所用。这样在保证了静止画面质量的前提下，大幅地提高了运动图像的画面质量，从而图像质量和文件大小之间就达到了微妙的平衡，所以 RM-VB 在网络上得以广泛的应用。

综合以上分析，视频文件可以分成两大类：其一即是影像文件，比如说常见的 VCD 便是其中之一；其二是流式视频文件，这是随着国际互联网的发展而诞生的后起视频之秀，比如说在线实况转播，就是构架在流式视频技术之上的。其中日常生活中接触较多的 VCD、多媒体 CD 光盘中的动画……这些都是影像文件。影像文件不仅包含了大量图像信息，同时还容纳大量音频信息。所以，影像文件的"身材"往往不可小觑，动辄就是几 MB 甚至几十 MB。其中 AVI 格式、MOV 格式（QuickTime）、MPEG/MPG/DAT 格式，都属于影像文件。由于目前很多视频数据要求通过 Internet 来进行实时传输，而视频文件的体积往往比较大，现有的网络带宽却往往比较"狭窄"，无法满足视频传输的需求，千军万马过独木桥，其结果当然可想而知。客观因素限制了视频数据的实时传输和实时播放，于是一种新型的流式视频(Streaming Video)格式应运而生了。这种流式视频采用一种"边传边播"的方法，即先从服务器上下载一部分视频文件，形成视频流缓冲区后实时播放，同时继续下载，为接下来的播放做好准备。这种"边传边播"的方法避免了用户必须等待整个文件从Internet上全部下载完毕才能观看的缺点。到目前为止，Internet上使用较多的流式视频格式主要是以下三种：RM（Real Media）格式，ASF（Advanced Streaming Format）格式，MOV文件格式也可以作为一种流文件格式。视频格式分类见表4-11。

表4-11　视频格式分类

本地影像视频格式							
AVI	nAVI	DV-AVI	MPEG格式			DivX	MOV
			MPEG－1	MPEG－2	MPEG－4		
网络影像视频格式							
ASF		WMV		RM		RMVB	

　　对于做视频研究来说，视频文件的写入，几乎是必须的一个步骤。可以首先利用OpenCV进行USB相机的视频捕获，然后，将视频帧写入到视频文件当中。在进行视频文件的写入之前，有两点需要提醒：

　　（1）OpenCV只是一个图像处理的工具库，并不是视频处理的工具库！也就是说，它所处理的对象，应该是一张一张的图片，而OpenCV本身虽然有一些API函数可以进行USB相机的读取，但也仅仅是调用了Windows底层的vfw模块来实现，所以，如果你是Windows vista、Windows7之类的操作系统，很可能微软已经抛弃了vfw模块。而这个时候，再利用OpenCV的相机视频捕获函数，就无法获取视频帧了。

　　（2）视频文件（.mpeg、.mp4、.rmvb、.avi等格式）的读写，需要专门的视频编解码器。很显然，不同格式的视频文件，采用的视频编码技术是不相同的（值得提醒的是，.avi格式的视频文件，尽管后缀是相同的，但内部采用的视频编码算法仍可能不相同，具体可以参考http://www.linuxidc.com/Linux/2012-11/74148p2.htm），所以，进行视频文件读写之前，你需要安装相应的视频编解码器。而暴风影音、kmplayer之类的视频播放器，其内部就已经集成了常用的视频编解码器，所以，在使用这些视频播放器时，不需要人为安装视频编解码器，就可以直接利用它们进行视频文件的播放。

　　所以在利用OpenCV进行视频文件写入之前，必须要下载相应的视频编解码器。常用的有divx、xvid、ffmpeg等。

4.5 OpenCV 实现

本节代码使用VS2005+OpenCV2.1来实现，具体安装及配置见3.2.2节。新建一个空白对话框，添加一个Picture Control控件，并修改ID为IDC_Pic，结果如图4-12所示。

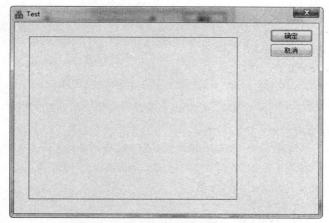

图4-12 添加 Picture Control 控件

4.5.1 打开并显示图像

为对话框添加打开图像按钮（Caption："打开图像"；ID：IDC_Open），并添加消息响应函数，实现打开图像并在图像控件中显示。

首先要创建一个选择打开图片的对话框，代码如下：

```
    CFileDialog  dlg(TRUE,  _T("*.bmp"),  NULL,  OFN_FILEMUSTEXIST  |
OFN_PATHMUSTEXIST | OFN_HIDEREADONLY, _T("image files (*.bmp; *.jpg)
|*.bmp; *.jpg | All Files (*.*) |*.*||"), NULL );        // 选项图片的约定
    dlg.m_ofn.lpstrTitle = _T("Open Image");     // 打开文件对话框的标题名
    if( dlg.DoModal() != IDOK )                  // 判断是否获得图片
        return;
    m_Path = dlg.GetPathName();                  // 获取图片路径
```

CFileDialog类封装了Windows常用的文件对话框。常用的文件对话框提供了一种简单的与Windows标准相一致的文件打开和文件存盘对话框功能。构造函数原型为：CFileDialog:: CFileDialog(BOOL bOpenFileDialog, LPCTSTR lpszDefExt = NULL, LPCTSTR lpszFileName = NULL, DWORD dwFlags = OFN_HIDEREADONLY | OFN_OVERWRITEPROMPT, LPCTSTR lpszFilter = NULL, CWnd* pParentWnd = NULL);

参数意义如下：

bOpenFileDialog 为TRUE则显示打开对话框，为FALSE则显示保存对话文件对话框。

lpszDefExt 指定默认的文件扩展名。

lpszFileName 指定默认的文件名。

dwFlags 指明一些特定风格。

lpszFilter 是最重要的一个参数，它指明可供选择的文件类型和相应的扩展名。参数格式如：

"Chart Files (*.xlc)|*.xlc|Worksheet Files (*.xls)|*.xls|Data Files (*.xlc;*.xls)|*.xlc; *.xls|All Files (*.*)|*.*||";文件类型说明和扩展名间用 | 分隔，同种类型文件的扩展名间可以用 ; 分割，每种文件类型间用 | 分隔，末尾用 || 指明。

pParentWnd 为父窗口指针。

运行结果如图4-13所示。

图4-13 打开图片示例

现在已经得到了要打开图片的路径m_path, 然后利用OpenCV的函数读取图片，并显示在相应的控件中：

```
m_ipl = cvLoadImage( m_Path); // 读取图片、缓存到一个成员变量
                             m_ipl 中
if( !m_ipl )              // 判断是否成功载入图片
    return;
CDC* pDC = GetDlgItem(IDC_Pic)->GetDC(); //获取用来显示图像的设
                                         备上下文
HDC hDC = pDC->GetSafeHdc(); //获取输出设备上下文的句柄
CvvImage cimg;  //创建一个CvvImage类的对象
cimg.CopyOf( m_ipl); //将读取的图像复制到CvvImage类的对象
CRect rect; //定义一个矩形类
GetDlgItem(IDC_Pic)->GetClientRect(&rect); //获取图像控件客户区的
                                           坐标
cimg.DrawToHDC(hDC, &rect); //将图像在指定的图像控件中显示
ReleaseDC( pDC ); //释放设备上下文
```

CvvImage使用前需要包含 highgui.h 头文件。

#include <highgui.h>

警告：参数中含有HDC类型的并不能保证移植到其他平台，例如Show/DrawToHDC
等。下面详细介绍下用到的两个函数

1. CvvImage::CopyOf

void CvvImage::CopyOf(CvvImage& img, int desired_color);

void CvvImage::CopyOf(IplImage* img, int desired_color);

从img复制图像到当前的对象中。

img：要复制的图像。

desired_color：为复制后图像的通道数，复制后图像的像素深度为8bit。

2. CvvImage：: DrawToHDC

CvvImage：: DrawToHDC(HDC hDCDst, RECT* pDstRect) ;

绘制图像的ROI区域到DC的pDstRect， 如果图像大小和pDstRect不一致， 图像会拉伸/
压缩,此函数仅在 Windows 下有效。

hDCDst：设备描述符。

pDstRect：对应的设备描述符区域。

运行结果如图 4-14 所示。

图 4-14　打开图片示例运行结果

4.5.2 打开并播放 avi 格式视频

为对话框添加打开视频按钮（Caption："打开视频"；ID：IDC_Video），并添加消息响应函数，实现打开视频并在图像控件中播放。

首先要创建一个选择打开视频的对话框，代码如下：

```
CFileDialog  dlg(TRUE,  _T("*.avi"),  NULL,  OFN_FILEMUSTEXIST |
OFN_PATHMUSTEXIST | OFN_HIDEREADONLY, _T("image files (*.avi) |*.avi; |
All Files (*.*) |*.*||"), NULL );                  // 选项视频的约定
    dlg.m_ofn.lpstrTitle = _T("Open Video");// 打开文件对话框的标题名
    if( dlg.DoModal() != IDOK )         // 判断是否获得视频
        return;
    m_Path = dlg.GetPathName();         // 获取视频路径
```

运行结果如图 4-15 所示。

图 4-15　打开视频示例

与打开图片的对话框类似，这儿也使用了 CFileDialog 类，详细的介绍可以参考4.4.1节。获取视频路径后，使用 OpenCV 相关类及函数打开视频并显示在指定的图片控件上，具体代码如下：

```
CvCapture* capture =cvCreateFileCapture(m_Path); //创建一个 CvCapture 结构
            体指针，并使用 cvCreateFileCapture()函数读取指定的 avi 文件
IplImage* frame; //创建一个 IplImage 类对象指针，用来存储视频的单帧
            图像
CvvImage cimg; //创建一个 CvvImage 类的对象
CDC* pDC = GetDlgItem(IDC_Pic)->GetDC(); //获取用来显示图像的设
                                备上下文
HDC hDC = pDC->GetSafeHdc(); //获取输出设备上下文的句柄
CRect rect; //定义一个矩形类
GetDlgItem(IDC_Pic)->GetClientRect(&rect); //获取图像控件客户区的
                                坐标
while (1)   //使用 while 循环，将视频中的每一帧读取并显示在制定控
            件上
{
    frame=cvQueryFrame(capture); //获取视频当前帧的图像，并使指针
                        指向下一帧图像
    if (!frame)   //判断当前帧是否为空，若为空则跳出循环
    {
        break;
    }
    cimg.CopyOf( frame);    //将读取的图像复制到 CvvImage 类的对象
    cimg.DrawToHDC(hDC, &rect); //将图像在指定的图像控件中显示
}
ReleaseDC( pDC ); //释放设备上下文
cvReleaseImage( &frame ); //释放 IplImage 类对象指针
cvReleaseCapture(&capture); //释放 CvCapture 结构体指针
```

1. CvCapture结构体

CvCapture是一个结构体，用来保存图像捕获的信息，就像一种数据类型（如int、char等）只是存放的内容不一样，在OpenCv中，它最大的作用就是处理视频时（程序是按一帧一帧读取），让程序读下一帧的位置，CvCapture结构中，每获取一帧后，这些信息都将被更新，获取下一帧回复。

2. cvCreateFileCapture

CvCapture* cvCreateFileCapture(const char* mov);

cvCreateFileCapture()通过参数设置确定要读入的avi文件，返回一个指向CvCapture结构的指针。这个结构包括了所有关于要读入.avi文件的信息，其中包含状态信息。调用这个函数之后，返回指针所指向的CvCapture结构被初始化到对应的.avi文件的开头。

3. cvQueryFrame(CvCapture* capture)

IplImage* cvQueryFrame(CvCapture* capture);

函数cvQueryFrame从摄像头或者文件中抓取一帧，然后解压并且返回这一帧。这个函数仅仅是函数cvGrabFrame和函数cvRetrieveFrame在一起调用的组合。返回的图像不可以被用户释放或者修改。

cvQueryFrame的参数是CvCapture结构的指针。用来将下一帧视频文件载入内存，返回一个对应当前帧的指针。与cvLoadImage不同的是cvLoadImage为图像分配内存空间，而cvQueryFrame使用已经在cvCapture结构中分配好的内存，这样就没必要通过cvReleaseImage()对这个返回的图像指针进行释放，当CvCapture结构被释放后，每一帧图像对应的内存空间会被释放。

运行结果如图4-16所示。

图4-16 打开视频程序运行结果

第5章 图像的几何变换

图像的几何变换可以看成是图像中物体（或像素）空间位置改变，或者说是像素的移动。在实际场景拍摄到一幅图像后，如果图像画面过大或过小，就需要对其进行缩小或放大；如果拍摄时景物与摄像头不成相互平行关系，拍摄出的图像就会产生畸变，如会把一个正方形拍摄成一个梯形等，这就需要对图像进行畸变校正；在进行目标匹配时，也需要对图像进行旋转、平移等处理。这些都属于图像几何变换的范畴。本章将对图像的形状变换、位置变换、仿射变换以及图像的基本运算进行阐述。

5.1 形状变换

图像的形状变换是指用数学建模的方法对图像形状发生的变化进行描述。最基本的形状变换包括图像缩放及错切等变换。本节将就图像缩放和错切变换进行介绍。

5.1.1 图像缩放

图像缩放是指将给定的图像在 x 轴方向缩放 f_x 倍，在 y 轴方向缩放 f_y 倍，从而获得一幅新的图像。如果 $f_x = f_y$，即图

像在 x 轴方向和 y 轴方向缩放的比例相同，那么这样的缩放就称为图像的全比例缩放。如果 $f_x \neq f_y$，图像的缩放就会改变原图像像素间的相对位置，产生几何畸变。

设原图像中的像素点 $p_0(x_0, y_0)$，经过缩放后，在新图像中的对应点为 $p(x, y)$，则 $p_0(x_0, y_0)$ 和 $p(x, y)$ 之间的对应关系为

$$\begin{bmatrix} x \\ y \\ 1 \end{bmatrix} = \begin{bmatrix} f_x & 0 & 0 \\ 0 & f_y & 0 \\ 0 & 0 & 1 \end{bmatrix} \begin{bmatrix} x_0 \\ y_0 \\ 1 \end{bmatrix} \tag{5-1}$$

即

$$\begin{bmatrix} x_0 \\ y_0 \\ 1 \end{bmatrix} = \begin{bmatrix} \dfrac{1}{f_x} & 0 & 0 \\ 0 & \dfrac{1}{f_y} & 0 \\ 0 & 0 & 1 \end{bmatrix} \begin{bmatrix} x \\ y \\ 1 \end{bmatrix} \rightarrow \begin{cases} x_0 = \dfrac{x}{f_x} \\ y_0 = \dfrac{y}{f_y} \end{cases} \tag{5-2}$$

一般来说，图像缩放分为图像缩小和图像放大两类。最为简单的图像缩小是当 $f_x = f_y = \dfrac{1}{2}$ 时，图像被缩小到原图像的一半大小。此时，缩小后图像中的(0, 0)像素对应于原图像中的(0, 0)像素，(0, 1)像素对应于原图像中的(0, 2)像素，(1, 0)像素对应于原图像中的(2, 0)像素，以此类推。这是由于图像缩小之后，图像包含的信息量减小，因此只需要在原图像上，每行隔一个像素取一个点，每列隔一个像素取一个点，即取原图像的偶（奇）数行和偶（奇）数列构成缩放后的图像，如图5-1所示。

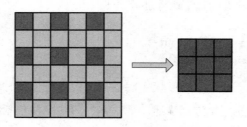

图5-1   图像按相同比例缩小

此时，$f_x = f_y = \dfrac{1}{2}$。图5-2是一幅图像按 $\dfrac{1}{4}$ 的比例缩放后的效果。

（a）原图像　　　　　　　　（b）缩小后的图像

图5-2　图像按 $\frac{1}{4}$ 比例缩放后的效果图

当 $f_x \neq f_y$ 时，图像不按比例缩小，由于在 x 轴方向和 y 轴方向的缩小比例不同，一定会带来图像的几何畸变，如图5-3所示。

（a）原图像

（b）垂直缩放大于水平缩放　　　　（c）水平缩放大于垂直缩放

图5-3　图像缩放

图像的放大和图像的缩小相反，需要对尺寸放大后所多出来的空格填入适当的像素，相比于图像缩小，要更加困难。例如，将原始图像放大4倍，即 $f_x = f_y = 2$。在放大后的图像中，(0, 0)像素对应于原图像的(0, 0)像素，而(0, 1)像素对应于原图像中的(0, 0.5)像素，该像素在原图像中并不存在，此时就需要对原图像进行插值处理。最为简单的插值方式就是将原图像中每行像素重复取值一遍，每列像素重复取值一遍，这种插值方式称为最邻近插值，如图5-4所示。

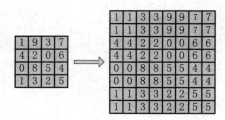

图5-4　图像放大4倍（最邻近插值）

最邻近插值方法较为简单，但在图像放大倍数太大时，容易出现马赛克效应。一种更为有效的插值方法为线性插值，即求出分数像素地址与周围四个像素点的距离比，根据该比值，由四个邻近的像素灰度值插值出分数像素值，如图5-5所示。

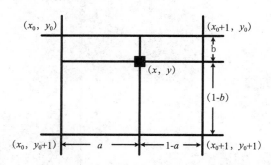

图5-5　线性插值法示意图

设待插值像素点为 (x, y)，四个邻近像素点分别为 (x_0, y_0)、(x_0+1, y_0)、(x_0, y_0+1) 和 (x_0+1, y_0+1)，则 (x, y) 点的值可按式（5-1）计算得到：

$$
\begin{aligned}
g(x, y) = (1-b) \cdot [(1-a) \cdot g(x_0, y_0) + a \cdot g(x_0+1, y)] \\
+ b \cdot [(1-a) \cdot g(x_0, y_0+1) + a \cdot g(x_0+1, y_0+1)]
\end{aligned}
\tag{5-3}
$$

与图像缩小类似，当 $f_x \neq f_y$ 时，由于在 x 轴方向和 y 轴方向的放大比例不同，图像放大也会带来图像的几何畸变。

5.1.2 图像错切

图像的错切变换实际上是平面景物在投影平面上的非垂直投影效果。图像错切变换也称为图像剪切、错位或错移变换。图像错切的原理就是保持图像上各点的某一坐标不变，将另一坐标进行线性变换，坐标不变的轴称为依赖轴，坐标变换的轴称为方向轴。图像错切一般分为两种情况：水平方向错切和垂直方向错切。

首先来看一下水平方向错切，即沿 x 轴方向关于 y 的错切。水平错切变换矩阵为

$$T = \begin{bmatrix} 1 & 0 & 0 \\ c & 1 & 0 \\ 0 & 0 & 1 \end{bmatrix} \tag{5-4}$$

原图像中的一个像素点 $p_0(x_0, y_0)$，经过水平错切变换后，得

$$p(x,y) = p_0(x_0, y_0) \cdot T = (x_0, y_0, 1) \begin{bmatrix} 1 & 0 & 0 \\ c & 1 & 0 \\ 0 & 0 & 1 \end{bmatrix} = (x_0 + cy_0, y_0, 1) \tag{5-5}$$

即 $x = x_0 + cy_0, y = y_0$。

原图像经过水平错切变换后，y 坐标保持不变，x 坐标依赖于初始坐标 (x_0, y_0) 和参数 c 的值呈线性变换。图 5-6 表明了一个矩形 $ABCD$ 经过水平错切变换后，成为一个平行四边形。在这里，式（5-5）中的 $c = \tan \alpha$。如果 $c > 0$，则沿 $+x$ 方向错切。反之，如果 $c < 0$，则沿 $-x$ 方向错切。

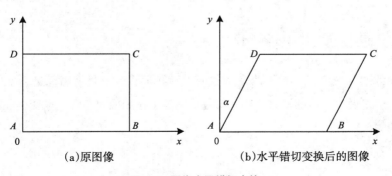

（a）原图像　　　　　　　（b）水平错切变换后的图像

图5-6　图像水平错切变换

下面再来看一下垂直方向错切，即沿 y 轴方向关于 x 的错切。与水平错切变换类似，垂直错切变换矩阵为

$$T = \begin{bmatrix} 1 & b & 0 \\ 0 & 1 & 0 \\ 0 & 0 & 1 \end{bmatrix} \qquad (5\text{-}6)$$

原图像中的一个像素点 $p_0(x_0, y_0)$，经过垂直错切变换后，得

$$p(x,y) = p_0(x_0, y_0) \cdot T = (x_0, y_0, 1) \begin{bmatrix} 1 & b & 0 \\ 0 & 1 & 0 \\ 0 & 0 & 1 \end{bmatrix} = (x_0, y_0 + bx_0, 1) \qquad (5\text{-}7)$$

即 $x = x_0, y = y_0 + bx_0$。

原图像经过垂直错切变换后，x 坐标保持不变，y 坐标依赖于初始坐标 (x_0, y_0) 和参数 c 的值呈线性变换。图5-7表明了一个矩形 $ABCD$ 经过垂直错切变换后，成为一个平行四边形。在这里，式（5-7）中的 $b = \tan\beta$。如果 $b > 0$，则沿 $+y$ 方向错切；反之，如果 $b < 0$，则沿 $-y$ 方向错切。

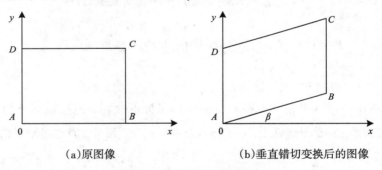

（a）原图像　　　　　　　　（b）垂直错切变换后的图像

图5-7　图像垂直错切变换

5.2 位置变换

图像的位置变换是指不改变图像的大小和形状，只是将图像进行旋转和平移。一般来说，图像的位置变换主要包括图像平移变换、图像镜像变换和图像旋转变换等。

5.2.1 图像平移变换

图像平移(Translation)变换是图像几何变换中最为简单的一种变换，是将一幅图像中的所有像素点都按照给定的偏移量在水平方向（沿 x 轴方向），或在垂直方向（沿 y 轴方向）移动。

如图5-8所示，将原图像中的像素点 $p_0(x_0, y_0)$ 平移到新的点 $p(x, y)$，其中，x 方向的平移量为 Δx，y 方向的平移量为 Δy。那么，$p(x, y)$ 的坐标就可以根据 $p_0(x_0, y_0)$ 计算得到：

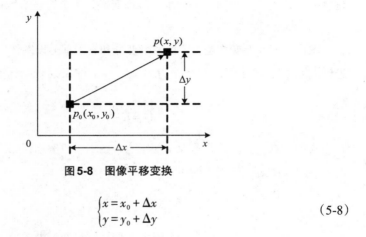

图5-8　图像平移变换

$$\begin{cases} x = x_0 + \Delta x \\ y = y_0 + \Delta y \end{cases} \tag{5-8}$$

利用齐次坐标，平移变换前后图像中的像素点 $p_0(x_0, y_0)$ 和 $p(x, y)$ 之间的关系可以用如下矩阵表示：

$$\begin{bmatrix} x \\ y \\ 1 \end{bmatrix} = \begin{bmatrix} 1 & 0 & \Delta x \\ 0 & 1 & \Delta y \\ 0 & 0 & 1 \end{bmatrix} \begin{bmatrix} x_0 \\ y_0 \\ 1 \end{bmatrix} \tag{5-9}$$

所谓齐次坐标就是将一个原本是 n 维的矢量用一个 $n+1$ 维矢量来表示。例如，二维点 (x, y) 的齐次坐标表示为 (hx, hy, h)。由此可以看出，一个矢量的齐次表示是不唯一的，齐次坐标的 h 取不同的值都表示的是同一个点，比如齐次坐标 $(8,4,2)$、$(4,2,1)$ 表示的都是二维点 $(4,2)$。当 h 取值为 1 时，称为规范化齐次坐标。

在图像的平移变换过程中，原图像中的每一个像素点都可以在平移后的图像中找到对应的点。

5.2.2 图像镜像变换

图像镜像(Mirror)变换分为三种：一种是水平镜像；一种是垂直镜像；一种是对角镜像。图像的镜像变换不改变原图像的形状。图像的水平镜像变换是以原图像的垂直中轴线为中心，将图像分为左右两部分镜像对称变换；图像的垂直镜像变换是以原图像的水平中轴线为中心，将图像分为上下两部分进行对称变换；图像的对角镜像变换是以原图像水平中轴线和垂直中轴线的交点为中心将图像进行变换，相当于先对图像进行水平镜像变换，再进行垂直镜像变换。

1.图像水平镜像变换

图像水平镜像变换是将图像左半部分和右半部分以图像的垂直中轴线为中心，进行镜像对换。假设原图像大小为 $M \times N$ （M 行 N 列），水平镜像变换公式为

$$\begin{cases} x = x_0 \\ y = N - y_0 + 1 \end{cases} \tag{5-10}$$

式中：(x_0, y_0) 表示原图像中像素点 $p_0(x_0, y_0)$ 的坐标；(x, y) 表示经过水平镜像变换后图像中对应像素点的坐标。

设原图像矩阵为

$$\boldsymbol{p}_0 = \begin{bmatrix} p_{11} & p_{12} & p_{13} & p_{14} & p_{15} \\ p_{21} & p_{22} & p_{23} & p_{24} & p_{25} \\ p_{31} & p_{32} & p_{33} & p_{34} & p_{35} \\ p_{41} & p_{42} & p_{43} & p_{44} & p_{45} \\ p_{51} & p_{52} & p_{53} & p_{54} & p_{55} \end{bmatrix}$$

经过水平镜像变换后，原图像中行的排列顺序保持不变，列的顺序重新排列。水平镜像变换后的矩阵变为

$$\boldsymbol{p} = \begin{bmatrix} p_{15} & p_{14} & p_{13} & p_{12} & p_{11} \\ p_{25} & p_{24} & p_{23} & p_{22} & p_{21} \\ p_{35} & p_{34} & p_{33} & p_{32} & p_{31} \\ p_{45} & p_{44} & p_{43} & p_{42} & p_{41} \\ p_{55} & p_{54} & p_{53} & p_{52} & p_{51} \end{bmatrix}$$

2.图像垂直镜像变换

图像垂直镜像变换是将图像上半部分和下半部分以图像的水平中轴线为中

心，进行镜像对换。假设原图像大小为 $M \times N$ （ M 行 N 列），水平镜像变换公式为

$$\begin{cases} x = M - x_0 + 1 \\ y = y_0 \end{cases} \tag{5-11}$$

式中： (x_0, y_0) 表示原图像中像素点 $p_0(x_0, y_0)$ 的坐标， (x, y) 表示经过垂直镜像变换后图像中对应像素点的坐标。

设原图像矩阵为

$$\boldsymbol{p}_0 = \begin{bmatrix} p_{11} & p_{12} & p_{13} & p_{14} & p_{15} \\ p_{21} & p_{22} & p_{23} & p_{24} & p_{25} \\ p_{31} & p_{32} & p_{33} & p_{34} & p_{35} \\ p_{41} & p_{42} & p_{43} & p_{44} & p_{45} \\ p_{51} & p_{52} & p_{53} & p_{54} & p_{55} \end{bmatrix}$$

经过垂直镜像变换后，原图像中列的排列顺序保持不变，行的顺序重新排列。垂直镜像变换后的矩阵变为

$$\boldsymbol{p} = \begin{bmatrix} p_{51} & p_{52} & p_{53} & p_{54} & p_{55} \\ p_{41} & p_{42} & p_{43} & p_{44} & p_{45} \\ p_{31} & p_{32} & p_{33} & p_{34} & p_{35} \\ p_{21} & p_{22} & p_{23} & p_{24} & p_{25} \\ p_{11} & p_{12} & p_{13} & p_{14} & p_{15} \end{bmatrix}$$

3.图像对角镜像变换

假设原图像大小为 $M \times N$ （ M 行 N 列），对角镜像变换公式为

$$\begin{cases} x = M - x_0 + 1 \\ y = N - y_0 + 1 \end{cases} \tag{5-12}$$

式中： (x_0, y_0) 表示原图像中像素点 $p_0(x_0, y_0)$ 的坐标； (x, y) 表示经过对角镜像变换后图像中对应像素点的坐标。

设原图像矩阵为

$$\boldsymbol{p}_0 = \begin{bmatrix} p_{11} & p_{12} & p_{13} & p_{14} & p_{15} \\ p_{21} & p_{22} & p_{23} & p_{24} & p_{25} \\ p_{31} & p_{32} & p_{33} & p_{34} & p_{35} \\ p_{41} & p_{42} & p_{43} & p_{44} & p_{45} \\ p_{51} & p_{52} & p_{53} & p_{54} & p_{55} \end{bmatrix} \tag{5-13}$$

经过对角镜像变换后，原图像中行顺序和列顺序都重新排列。对角镜像变换后的矩阵变为

$$p = \begin{bmatrix} p_{55} & p_{54} & p_{53} & p_{52} & p_{51} \\ p_{45} & p_{44} & p_{43} & p_{42} & p_{41} \\ p_{35} & p_{34} & p_{33} & p_{32} & p_{31} \\ p_{25} & p_{24} & p_{23} & p_{22} & p_{21} \\ p_{15} & p_{14} & p_{13} & p_{12} & p_{11} \end{bmatrix} \tag{5-14}$$

5.2.3 图像旋转变换

图像旋转(Rotation)变换有一个绕什么旋转的问题。通常是以图像的中心为圆心旋转，将图像中的所有像素点都旋转一个相同的角度。

在图5-9中，将原图像中的像素点 $p_0(x_0, y_0)$ 沿顺时针方向旋转 α 角，旋转后的像素点为 $p(x,y)$ ， r 为像素点到原点的距离， β 为 r 与 x 轴之间的夹角。在图像旋转过程中， r 保持不变。

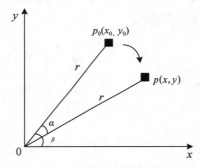

图5-9 图像旋转变换示意图

在旋转前 $x_0 = r \cdot \cos\beta, y_0 = r \cdot \sin\beta$ 。旋转之后， x 和 y 的坐标变为

$$x = r \cdot \cos(\beta - \alpha) = r \cdot \cos\beta \cdot \cos\alpha + r \cdot \sin\beta \cdot \sin\alpha = x_0 \cdot \cos\alpha + y_0 \cdot \sin\alpha$$

$$y = r \cdot \sin(\beta - \alpha) = r \cdot \sin\beta \cdot \cos\alpha + r \cdot \cos\beta \cdot \sin\alpha = y_0 \cdot \cos\alpha - x_0 \cdot \sin\alpha$$

以矩阵的形式表示为

$$\begin{bmatrix} x & y & 1 \end{bmatrix} = \begin{bmatrix} x_0 & y_0 & 1 \end{bmatrix} \begin{bmatrix} \cos\alpha & -\sin\alpha & 0 \\ \sin\alpha & \cos\alpha & 0 \\ 0 & 0 & 1 \end{bmatrix} \tag{5-15}$$

如果图像是绕一个指定点旋转，则可以先将图像的坐标系平移到该点，再进行旋转，旋转之后再将图像平移回原来的坐标原点即可。

图5-10显示了一幅图像沿顺时针方向旋转45°后的效果图。

（a）原图像   （b）顺时针旋转45°后的图像

图5-10 图像旋转变换

5.3 仿射变换

图像的仿射变换包括图像的平移、旋转以及缩放等变换。利用平移、旋转和缩放等变换，可以将原始图像变换为更加方便人眼观察或者更加利于机器识别的图像。而图像仿射变换提出的意义即是采用通用的数学变换公式，来表示平移、旋转和缩放等几何变换。假设原图像中像素点的坐标为 $p_0(x_0, y_0)$ ，变换后的图像中像素点的坐标为 $p(x, y)$ ，则仿射变换的一般形式可以表示为

$$[x \quad y \quad 1] = [x_0 \quad y_0 \quad 1]T = [x_0 \quad y_0 \quad 1]\begin{bmatrix} t_{11} & t_{12} & 0 \\ t_{21} & t_{22} & 0 \\ t_{31} & t_{32} & 1 \end{bmatrix} \tag{5-16}$$

根据矩阵 T 中的元素所取的值，可以实现对一组坐标点进行平移、旋转以及缩放等变换。例如：

$$T = \begin{bmatrix} 1 & 0 & 0 \\ 0 & 1 & 0 \\ 0 & 0 & 1 \end{bmatrix}，\text{表示恒等变换}$$

$$T = \begin{bmatrix} 1 & 0 & 0 \\ 0 & 1 & 0 \\ t_x & t_y & 1 \end{bmatrix}，\text{表示平移变换}$$

$$T = \begin{bmatrix} \cos\theta & \sin\theta & 0 \\ -\sin\theta & \cos\theta & 0 \\ 0 & 0 & 1 \end{bmatrix}，\text{表示旋转变换}$$

$$T = \begin{bmatrix} t_x & 0 & 0 \\ 0 & t_y & 0 \\ 0 & 0 & 1 \end{bmatrix} , \text{ 表示缩放变换}$$

由于每一幅图像都可以看做是由成行列排列的像素点组成的，因此，可以通过建立坐标系，给每个像素点确定一个坐标。仿射变换实际上就是这种坐标变换，即根据图像变换的原理，得到变换前后图像坐标间的映射关系。实现坐标变换的时候，一般有两种方式：前向映射和反向映射。前向映射是指由输入图像中的像素点，用式（5-16）直接计算得到输出图像中相应像素点的空间位置。前向映射的一个问题是输入图像中的两个或多个像素，可能被变换到输出图像中的同一位置，这就产生了如何把多个输出像素合并到一个输出像素的问题；另一个问题是可能某些输出位置没有对应的输出像素。反向映射是指根据输出像素的位置，在每个位置 $p(x,y)$ 处使用 $(x_0, y_0) = T^{-1}(x,y)$，计算得到输出图像中的相应位置。从实现的角度来说，反向映射比前向映射更为有效，因而被许多空间变换的商业实现所采用。

5.4 图像的基本运算

按照图像处理运算的数学特征，图像基本运算可以分为点运算（Point Operation）、代数运算（Algebra Operation）、逻辑运算（Logical Operation）和几何运算（Geometric Operation）四类。本节将对这四种运算进行简单的介绍。

5.4.1 点运算

点运算是对一幅图像中每个像素点的灰度值进行计算的方法。假设输入图像的灰度为 $f(x,y)$，输出图像的灰度为 $g(x,y)$，则点运算可以表示为

$$g(x,y) = T[f(x,y)] \tag{5-17}$$

式中：$T[\ ]$ 表示灰度变换函数，是对输入图像中每个像素点灰度值的一种数学运算。点运算是一种像素的逐点运算，它将输入图像映射为输出图像，输出图像中每个像素点的灰度值仅由对应的输入像素点的灰度值决定。点运算可以改变图像中像素点的灰度值范围，从而改善图像的显示效果。

点运算也称为对比度增强、对比度拉伸或灰度变换。点运算分为线性点运算和非线性点运算两种。线性点运算一般包括调节图像的对比度和灰度，非线性点运算一般包括阈值化处理和直方图均衡化。

1. 线性点运算

线性点运算是指输出灰度级与输入灰度级呈线性关系的点运算。假设输入灰度级为 D_{in} ，输出灰度级为 D_{out} ，则相应的线性点运算可以表示为

$$D_{out} = f(D_{in}) = a \cdot D_{in} + b \tag{5-18}$$

如图5-11所示。

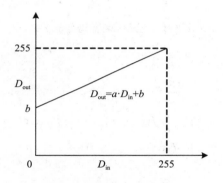

图5-11　线性点运算示意图

在式（5-18）中，当 $a > 1$ 时，输出图像的灰度扩展，对比度增大；当 $0 < a < 1$ 时，输出图像的灰度压缩，对比度减小；当 $a = 1$、$b = 0$ 时，输出图像的灰度不变，对比度不变；当 $a < 0$ 时，输入图像中的暗区域将变亮，亮区域将变暗。

2. 分段线性点运算

在图像处理过程中，分段线性点运算主要用于将图像中感兴趣的灰度范围进行线性扩展，同时相对抑制不感兴趣的灰度区域。

假设原图像 $f(x,y)$ 的灰度范围为 $[0, M_f]$ ，变换后图像 $g(x,y)$ 的灰度范围为 $[0, M_g]$ ，分段点运算如图5-12所示。

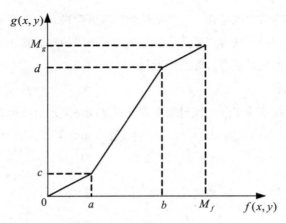

图 5-12 分段线性点运算示意图

分段线性点运算公式为

$$g(x,y)=\begin{cases}\dfrac{M_g-d}{M_f-b}[f(x,y)-b]+d\ ,&b\leqslant f(x,y)\leqslant M_f\\[3mm]\dfrac{d-c}{b-a}[f(x,y)-a]+c\ ,&a\leqslant f(x,y)<b\\[3mm]\dfrac{c}{a}f(x,y)\ ,&0\leqslant f(x,y)<a\end{cases}\qquad(5\text{-}19)$$

3. 非线性点运算

非线性点运算的输出灰度级与输入灰度级呈非线性关系，常见的非线性灰度变换为对数变换和幂次变换。

对数变换（图 5-13）的一般表达式为 $s=c\cdot\lg(1+r)$，其中 c 为常数。

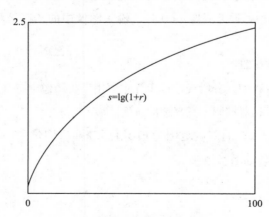

图 5-13 对数曲线

幂次变换（图5-14）的一般表达式为

$s = c \cdot r^{\gamma}$ ，其中 c 和 γ 为正常数。当 $0 < \gamma < 1$ 时，加亮、减暗图像；当 $\gamma > 1$ 时，加暗、减亮图像。

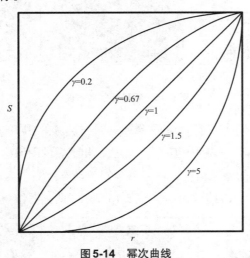

图5-14　幂次曲线

非线性点运算不是对图像的整个灰度范围进行扩展，而是有选择地对某一灰度范围进行扩展，其他范围的灰度值有可能被压缩。

非线性点运算与分段线性点运算不同，分段线性点运算是通过在不同灰度区间选择不同的线性方程来实现对不同灰度区间的扩展与压缩，而非线性点运算是在整个灰度值范围内采用统一的非线性变换函数，利用函数的数学性质实现对不同灰度值区间的扩展与压缩。

5.4.2 代数运算

代数运算是指两幅或多幅图像之间进行点对点的加、减、乘、除运算得到输出图像的过程。假设输入图像为 $A(x,y)$ ，输出图像为 $B(x,y)$ ，则有如下四种形式：

$$\begin{cases} C(x,y) = A(x,y) + B(x,y) \\ C(x,y) = A(x,y) - B(x,y) \\ C(x,y) = A(x,y) \times B(x,y) \\ C(x,y) = A(x,y) \div B(x,y) \end{cases} \tag{5-20}$$

其中，加法运算可用于去除图像中的"叠加性"随机噪声、进行图像叠加等。图5-15显示了两幅图像叠加后的效果。

（a)原图像　　　　　　　　　　　　　　（b)叠加后的图像

图5-15　图像叠加效果图

　　将同一景物在不同时间拍摄的图像或者同一景物在不同波段的图像相减，这就是图像的减法运算，实际中也称为差影法，相减后的图像称为差值图像。差值图像提供了图像间的差值信息，可以用于知道动态监测、运动目标的检测和跟踪、图像背景消除以及目标识别等。图5-16显示了两幅图像相减的效果图。

（a)原图像　　　　　　　　　　　　　　（b)相减后的图像

图5-16　图像相减效果图

　　乘法运算和除法运算都可用于改变图像的灰度级（图5-17）。乘法运算还可用于遮盖掉图像的一部分，如可以将一幅图像与二值图像相乘、进行掩膜操作等；除法操作多用于遥感图像处理中，可产生对颜色和多光谱图像分析十分重要的比率图像。

（a)原图像　　　　（b)像素灰度乘以2后的图像　　（c)像素灰度除以2.5后的图像

图5-17　图像乘法运算和除法运算运算效果图

5.4.3 逻辑运算

逻辑运算是指将两幅或多幅图像通过对应像素之间的与、或、非等逻辑关系运算，得到输出图像的方法。在图像理解和图像分析领域，逻辑运算应用较多。逻辑运算多用于二值图像处理。

在图像处理过程中，使用较多的逻辑运算包括求反、与、或、异或操作。假设原图像为 $f(x,y)$，变换后的图像为 $g(x,y)$，则求反运算可表示为

$$g(x,y) = R - f(x,y) \tag{5-21}$$

式中：R 表示图像的最大灰度级。图 5-18 显示了一幅图像的求反效果。

(a)原图像　　　　　　　　　　　　(b)求反后的图像

图 5-18　图像求反运算

假设原图像为 $f_1(x,y)$ 和 $f_2(x,y)$，变换后的图像为 $g(x,y)$，则与运算可表示为

$$g(x,y) = f_1(x,y) \bigcap f_2(x,y) \tag{5-22}$$

利用与运算，可以求两幅图像的相交子图。图 5-19 显示了两幅图像的与运算效果。

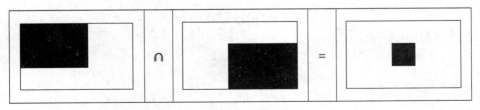

图 5-19　图像与运算

假设原图像为 $f_1(x,y)$ 和 $f_2(x,y)$，变换后的图像为 $g(x,y)$，则或运算可表示为

$$g(x,y) = f_1(x,y) \bigcup f_2(x,y) \tag{5-23}$$

利用或运算，可以实现图像的合并。图 5-20 显示了两幅图像的或运算效果。

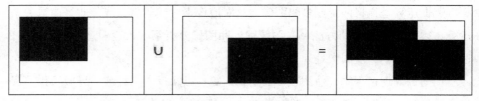

图5-20　图像或运算

假设原图像为 $f_1(x,y)$ 和 $f_2(x,y)$，变换后的图像为 $g(x,y)$，则异或运算可表示为

$$g(x,y) = f_1(x,y) \bigoplus f_2(x,y) \tag{5-24}$$

利用异或运算，可以求两幅图像的相交子图。图 5-21 显示了两幅图像的异或运算效果。

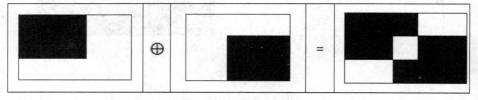

图5-21　图像异或运算

5.4.4　几何运算

图像的几何运算就是改变图像中像素间的空间关系，包括图像的位置变换、形状变换等，在 5.1 节~5.3 节已经进行了详细介绍，在此不再赘述。

5.5　OpenCV 实现

5.5.1　图像缩放

添加两个 Edit Control 控件（ID：IDC_Height, IDC_Width）以及相应的 Static Text 控件，用来接收用户输入缩放后的图像尺寸，然后添加一个缩放按钮（Caption：缩放；ID：IDC_Resize），并使用一个Group Box将上述控件集中，运行结果如图5-22所示。

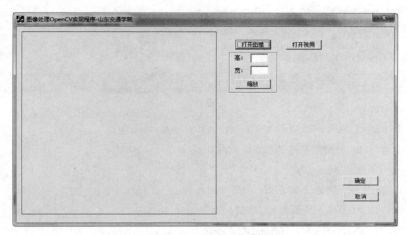

图5-22　图像缩放运行界面

然后为缩放按钮添加消息响应函数，首先通过Edit控件获取缩放后的图像尺寸，代码如下：

```
CEdit* m_Edit_H=(CEdit*)GetDlgItem(IDC_Height);
CString Height;
m_Edit_H->GetWindowText(Height); //将IDC_Height控件中的内容读取到
                                   CSrtring类对象 Height中
int nH=atoi(Height); //将CString类转换成int类
CEdit* m_Edit_W=(CEdit*)GetDlgItem(IDC_Width);
CString Width;
m_Edit_W->GetWindowText(Width); //将IDC_Width控件中的内容读取到
                                  CSrtring类对象 Width中
int nW=atoi(Width); //将CString类转换成int类
```

获得了缩放后图像尺寸，就可以使用OpenCV的函数对原始图像进行缩放，代码如下：

```
IplImage* dst=cvCreateImage(cvSize(nW,nH),IPL_DEPTH_8U,3);//用于存放处
                                                            理后的图像
```

```
cvResize(m_ipl,dst,CV_INTER_LINEAR);//图像尺寸变化
cvNamedWindow("缩放后图像"); //新建一个窗口，用来显示缩放后的图像
cvShowImage("缩放后图像",dst);
cvWaitKey(0);
cvReleaseImage(&dst);
```

1. cvCreateImage

　　IplImage* cvCreateImage(CvSize size, int depth, int channels);

　　创建首地址并分配存储空间,参数说明如下:

　　size:图像宽、高。

　　depth:图像元素的位深度,可以是下面的其中之一:

　　IPL_DEPTH_8U – 无符号8位整型

　　IPL_DEPTH_8S – 有符号8位整型

　　IPL_DEPTH_16U – 无符号16位整型

　　IPL_DEPTH_16S – 有符号16位整型

　　IPL_DEPTH_32S – 有符号32位整型

　　IPL_DEPTH_32F – 单精度浮点数

　　IPL_DEPTH_64F – 双精度浮点数

2. cvResize

　　void cvResize(const CvArr* src, CvArr* dst, int interpolation=CV_INTER_LINEAR);

　　src:输入图像。

　　dst:输出图像。

　　interpolation:插值方法。

　　CV_INTER_NN – 最近邻插值。

　　CV_INTER_LINEAR – 双线性插值 (默认使用)

　　CV_INTER_AREA – 使用像素关系重采样。当图像缩小时候,该方法可以避免波纹出现。当图像放大时,类似于 CV_INTER_NN 方法。

　　CV_INTER_CUBIC – 立方插值。

函数 cvResize 将图像 src 改变尺寸得到与 dst 同样大小。若设定 ROI,函数将按常规支持 ROI。

　　打开一个图像，输入缩放后的图像尺寸（高400；宽200），然后点击缩放按

钮，运行结果如图5-23所示。

图5-23 图像缩放处理结果

5.5.2 图像旋转

添加一个 Edit Control 控件（ID：IDC_Angle）以及相应的 Static Text 控件，用来接受用户输入旋转角度，然后添加一个旋转按钮（Caption：旋转；ID：IDC_Affine），并使用一个 Group Box 将上述控件集中，运行结果如图5-24所示。

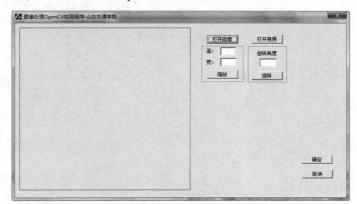

图5-24 增加图像旋转功能后运行界面

为旋转按钮添加消息响应函数，首先获取旋转角度，代码如下：

```
CEdit *m_Edit_A=(CEdit*)GetDlgItem(IDC_Angle);
CString cAngle;

                              m_Edit_A->GetWindowText(cAngle);
```

```
int angle=atoi(cAngle);
```

然后根据旋转角度计算旋转后图像尺寸，代码如下：

```
int  nx,ny;
float  ca,sa;
int  xmin,xmax,ymin,ymax,sx,sy;
ca = (float)cos((double)(angle)*CV_PI/180.0);
sa = (float)sin((double)(angle)*CV_PI/180.0);
nx = m_ipl->width;
ny=m_ipl->height;
xmin = xmax = ymin = ymax = 0;
bound(nx-1,0,ca,sa,&xmin,&xmax,&ymin,&ymax);
bound(0,ny-1,ca,sa,&xmin,&xmax,&ymin,&ymax);
bound(nx-1,ny-1,ca,sa,&xmin,&xmax,&ymin,&ymax);
sx = xmax-xmin+1; //旋转后图像的宽
sy = ymax-ymin+1; //旋转后图像的高
```

得到旋转后图像尺寸后，使用 OpenCV 函数对原始图像进行旋转，代码如下：

```
IplImage *dst;
dst=cvCreateImage(cvSize(sx,sy),m_ipl->depth,m_ipl->nChannels);//用来存储旋
                                                      转后图像

/******************************************************************/
/*创建变换矩阵，用于仿射变换*/
float m[6];
m[0] = ca;
m[1] = sa;
m[2] =-(float)xmin;
m[3] =-m[1];
m[4] = m[0];
m[5] =-(float)ymin;
CvMat M = cvMat( 2, 3, CV_32F, m );
/******************************************************************/
cvWarpAffine( m_ipl, dst, &M,CV_INTER_LINEAR+CV_WARP_FILL_OUT-
```

LIERS, cvScalarAll(0));

　　cvNamedWindow("旋转后图像");

　　cvShowImage("旋转后图像",dst);

　　cvWaitKey(0);

　　cvReleaseImage(&dst);

1. cvWarpAffine

　　void cvWarpAffine(const CvArr* src, CvArr* dst, const CvMat* map_matrix,

　　　　int flags=CV_INTER_LINEAR+CV_WARP_FILL_OUTLIERS,

　　 CvScalar fillval=cvScalarAll(0));

　　对图像做仿射变换,参数说明如下:

　　src: 输入图像。

　　dst: 输出图像。

　　map_matrix : 2×3 变换矩阵。

　　flags :插值方法和以下开关选项的组合。

　　CV_WARP_FILL_OUTLIERS – 填充所有输出图像的像素。如果部分像素落在输入图像的边界外,那么它们的值设定为 fillval.

　　CV_WARP_INVERSE_MAP – 指定 map_matrix 是输出图像到输入图像的反变换,因此可以直接用来做像素插值。否则, 函数从 map_matrix 得到反变换。

　　fillval :用来填充边界外面的值。

　　函数 cvWarpAffine 利用下面指定的矩阵变换输入图像: $\mathrm{dst}(x',y') \leftarrow \mathrm{src}(x,y)$

　　如果没有指定 CV_WARP_INVERSE_MAP, $(x',y')^{\mathrm{T}} = \mathrm{map\_matrix} \cdot (x,y,1)^{\mathrm{T}}$,

　　否则, $(x,y)^{\mathrm{T}} = \mathrm{map\_matrix} \cdot (x',y',1)^{\mathrm{T}}$

　　函数与 cvGetQuadrangleSubPix 类似,但是不完全相同。 cvWarpAffine 要求输入和输出图像具有同样的数据类型,有更大的资源开销(因此对小图像不太合适),而且输出图像的部分可以保留不变。而 cvGetQuadrangleSubPix 可以精确地从 8 位图像中提取四边形到浮点数缓存区中,具有比较小的系统开销,而且总是全部改变输出图像的内容。要变换稀疏矩阵,使用 cxcore 中的函数 cvTransform 。

2. cvMat结构:

　　矩阵变换函数,使用方法为CvMat* cvCreateMat (int rows, int cols, int type); 这里 type 可以是任何预定义类型,预定义类型的结构如下 : CV_<bit_depth> (S|U|F)C<number_of_channels>。于是,矩阵的元素可以是 32 位浮点型数据(CV_32FC1),或者是无符号的 8 位三元组的整型数据(CV_8UC3),或者是无数的其他类型的元素。一个 CvMat 的元素不一定就是个单一的数字。在矩阵中可以通过单一(简单)的输入来表示多值,这样可以在一个三原色图像上描绘

多重色彩通道。对于一个包含RGB通道的简单图像，大多数的图像操作将分别应用于每一个通道(除非另有说明)。

矩阵由宽度(width)、高度(height)、类型(type)、行数据长度(step，行的长度用字节表示而不是用整形或者浮点型长度)和一个指向数据的指针构成。

打开图像，输入旋转角度50°，点击旋转按钮，运行结果如图5-25所示。

图5-25　图像旋转处理结果

第6章 图像增强

6.1 图像增强的目的和意义

图像增强（Image Enhancement）是指对图像的某些特征，如边缘、轮廓、对比度等进行强调或尖锐化，以便于显示、观察或进一步分析与处理。图像增强虽然不增加图像数据中的相关信息，但能够增加所选特征的动态范围，从而使这些特征的检测或识别更加容易。图像增强处理是数字图像处理的一个重要分支。很多场景由于条件的影响，图像拍摄的视觉效果不佳，这就需要图像增强技术来改善人的视觉效果，如突出图像中目标物体的某些特点、从数字图像中提取目标物的特征参数等，这些都有利于对图像中目标的识别、跟踪和理解。图像增强处理主要内容是突出图像中感兴趣的部分，减弱或去除不需要的信息。这样使有用信息得到加强，从而得到一种更加实用的图像或者转换成一种更适合人或机器进行分析处理的图像。

图像增强技术有两类方法：空域法和频域法。空域法主要是在空间域内对像素灰度值直接进行运算处理，如图像的灰度变换、直方图修正、图像空域平滑和锐化处理、伪彩色处理等。频域法主要是在图像的某种变换域内，对图像的变换值进行运算，如先对图像进行傅里叶变换，再对图像的频域进行滤波处理，最后将滤波处理后的图像变换值反变换到空域，从而获得增强后的图像。本章主要介绍图像增强中常用的空域方法。

图像增强的应用领域十分广阔并涉及各种类型的图像。例如，在军事应用中，增强红外图像提取我方感兴趣的敌军目标；在空间应用中，对用太空照相机传来的月球图片进行增强处理改善图像的质量；在农业应用中，增强遥感图像了解农作物的分布；在交通应用中，对大雾天气图像进行增强，加强车牌、路标等重要信息进行识别。

6.2 对比度线性展宽及非线性动态范围调整

6.2.1 对比度线性展宽

图像对比度是指一幅图像中明暗区域最亮的白和最暗的黑之间不同亮度层级的测量，即一幅图像中灰度反差的大小。对比度越大，图像中从黑到白的渐变层次就越多，灰度的表现力越丰富，图像越清晰醒目；反之，对比度越小，图像清晰度越低，层次感就越差。对比度是分析图像质量的重要依据之一。有些情况下，因为某些客观原因的影响，采集到的图像对比度不够，图像质量不够好。为了使图像中期望观察到的对象更加容易识别，可以采用对比度展宽的方法调节图像的对比度，达到改善图像质量的目的。

对比度展宽实质上就是降低图像中不重要信息的对比度，从而留出多余的空间，对重要信息的对比度进行扩展。

假设处理前后的图像都是8位位图，即像素的灰度范围为[0, 255]。假设原图像的灰度为 $f(i,j)$，处理后的图像灰度为 $f'(i,j)$，原图像中重要目标区域的灰度分布在 $[f_a, f_b]$ 范围内，对比度展宽的目标就是使得处理后图像中重要目标的灰度分布在 $[f'_a, f'_b]$ 范围内，且 $f'_b - f'_a > f_b - f_a$。

由图像对比度的定义可知，$\Delta f = f_b - f_a$ 表示了原图中重要目标的对比度特性，而 $\Delta f' = (f'_b - f'_a)$ 表示了处理后图像中重要目标的对比度特性。当 $\Delta f' > \Delta f$ 时，则表明经过对比度展宽后，重要目标区域的对比度被增强。图 6-1 显示了对比度展宽的像素映射关系图。在图 6-1 中，针对不同范围的像素灰度值，采用不同的线性变换函数，以达到扩展图像对比度的目的。

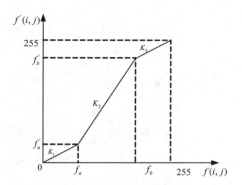

图6-1　对比度线性展宽的像素映射关系

在图6-1中，K_1、K_2和K_3分别代表映射关系中三段直线的斜率，计算公式分别为

$$K_1 = \frac{f_a'}{f_a} \tag{6-1a}$$

$$K_2 = \frac{f_b' - f_a'}{f_b - f_a} \tag{6-1b}$$

$$K_3 = \frac{255 - f_b'}{255 - f_b} \tag{6-1c}$$

从图中可知：$K_1 < 1$、$K_3 < 1$，表示在映射过程中，对灰度区间$[f_a, f_b]$之外的非重要目标的对比度进行了抑制；而$K_2 > 1$则表示在映射过程中，对灰度区间$[f_a, f_b]$内的重要目标的对比度进行了展宽增强。

根据图6-1所示的对比度展宽映射关系，可以得到展宽的计算公式：

$$f'(i,j) = \begin{cases} K_1 \times f(i,j), & 0 \leqslant f(i,j) < f_a \\ K_2 \times (f(i,j) - f_a) + f_a', & f_a \leqslant f(i,j) < f_b \\ K_3 \times (f(i,j) - f_b) + f_b', & f_b \leqslant f(i,j) < 255 \end{cases} \tag{6-2}$$

下面通过一个简单的例子来了解一下线性对比度展宽方法。

假设一幅图像 $f = \begin{bmatrix} 100 & 0 & 110 & 100 & 90 \\ 110 & 140 & 130 & 110 & 190 \\ 110 & 140 & 120 & 120 & 170 \\ 90 & 110 & 0 & 170 & 170 \end{bmatrix}$，其中的重点目标区域的灰度

范围为$[f_a, f_b] = [120, 140]$，展宽后重点目标区域的灰度范围为$[f_a', f_b'] = [10, 250]$，则根据展宽的计算公式：

$f(i,j)=0,90,100,110$ 属于 $[0,f_a]$ ，则对应的 $f'(i,j)=\dfrac{10}{120}\times f(i,j)=0,7.50,8.33,$

$9.17\rightarrow 0,8,8,9$ （取整）。

$f(i,j)=120,130,140$ 属于 $[f_a,f_b]$ ，则对应的 $f'(i,j)=\dfrac{250-10}{140-120}\times(f(i,j)-120)+$

$10=10,130,250$ 。

$f(i,j)=170,190$ 属于 $[f_b,255]$ ，则对应的 $f'(i,j)=\dfrac{255-250}{255-140}\times(f(i,j)-140)+$

$250=251.30,252.17\rightarrow 251,252$ （取整）。

展宽后的图像为

$$f'=\begin{bmatrix}8 & 0 & 9 & 8 & 8\\ 9 & 250 & 130 & 9 & 252\\ 9 & 250 & 10 & 10 & 251\\ 8 & 9 & 0 & 251 & 251\end{bmatrix}$$

图6-2是图像对比度线性展宽前后的效果图。可以看出，与原图像相比，展宽之后的图像对比度获得增强，图像中的细节更加容易辨识。

(a)原图　　　　　　　　　　(b)线性对比度展宽后

图6-2　图像对比度线性展宽前后对比

6.2.2 非线性动态范围调整

动态范围是指相机拍摄到的某个瞬间，场景中的亮度变化范围，即一副图像所描述的从暗到亮的变化范围。由于当前相机所能够表达的动态范围远远低于场景中的光照动态范围，所以就可能导致图像的质量不好。

动态范围调整就是利用人眼的视觉特性，将动态范围进行压缩，将感兴趣区域的变化范围扩大，从而达到改善图像质量的目的。人眼从接收图像信号到在大脑中形成一个形象的过程中，有一个近似对数映射的环节，因此可以采用对数映射来构建非线性动态范围调整的映射关系，如图6-3所示。由于动态范围调整依据的是人眼的视觉特性，因此，经过处理后的图像灰度分布与人眼的视觉特性相匹配，能够获得较好的视觉质量。

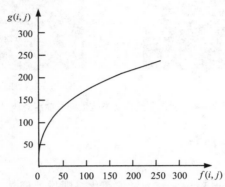

图6-3　非线性动态范围调整的像素映射关系

非线性动态范围调整的计算公式为

$$g(i,j) = c \times \lg(1 + f(i,j)) \tag{6-3}$$

式中：$f(i,j)$为原图像；$g(i,j)$为增强后的图像；c为增益系数。

下面通过一个简单的例子来了解一下图像动态范围调整方法。

设原图像 $f = \begin{bmatrix} 110 & 0 & 120 & 120 & 130 \\ 110 & 140 & 130 & 110 & 130 \\ 120 & 140 & 120 & 120 & 170 \\ 130 & 120 & 0 & 120 & 170 \end{bmatrix}$，利用上式计算得到的结果图像为

$$g = \begin{bmatrix} 233 & 0 & 238 & 238 & 241 \\ 233 & 245 & 241 & 233 & 241 \\ 238 & 245 & 238 & 238 & 255 \\ 241 & 238 & 0 & 238 & 255 \end{bmatrix}$$

图6-4是利用非线性动态范围调整前后的效果图。非线性动态范围调整的作用是抑制高亮度区域、扩展低亮度区域，这恰好在一定程度上解决了高亮度区域信号掩盖低亮度区域信号的问题。

(a)原图   (b)非线性动态范围调整后

图6-4　图像非线性动态范围调整前后对比

6.3　直方图均衡化

直方图（Histogram Equalization）均衡化是图像处理领域中利用图像直方图对比度进行调整的方法。这种方法通常用来增加许多图像的局部对比度，尤其是当图像的有用数据的对比度相当接近的时候。通过这种方法，亮度可以更好地在直方图上分布。这样就可以用于增强局部的对比度而不影响整体的对比度，直方图均衡化通过有效地扩展常用的亮度来实现这种功能。灰度直方图是灰度级的函数，它表示图像中具有某种灰度级的像素的个数，反映了图像中某种灰度出现的频率。

假设原始图像灰度级范围为 $[0, L-1]$ ，r_k 为第 k 级灰度，如果在该图像中，灰度级为 r_k 的像素个数为 n_k ，那么 r_k 的直方图就为 $h(r_k) = n_k$ 。在实际应用中，经常使用归一化直方图，如下式所示：

$$p_r(r_k) = \frac{n_k}{n} \tag{6-4}$$

式中：n 为图像中的总像素数，$k = 0, 1, \cdots, L-1$ 。

可以看出，归一化直方图的 $P(r_k)$ 的值在(0, 1)内，且所有部分之和等于1。数字图像的直方图反映了图像灰度分布的统计特性，$P_r(r_k)$ 给出了灰度级为 r_k 的像素的概率密度函数估计值。

直方图均衡化是通过对原图像进行某种变换，使原图像的灰度直方图修正为均匀分布的直方图的一种方法。用 r 表示原图像的灰度，取值范围为 $[0, L-1]$ ，0

表示黑色，255表示白色。用 s 表示变换后图像的灰度，则对于原图像中任一一个 r，经过变换后都可以产生一个 s，即

$$s = T(r) \tag{6-5}$$

或

$$r = T^{-1}(s)$$

$T(r)$ 为变换函数，且应满足一下条件：

（1）在 $0 \leqslant r \leqslant 1$ 范围内为单调递增函数，保证图像的灰度级从黑到白的次序不变。

（2）在 $0 \leqslant r \leqslant 1$ 内，有 $0 \leqslant T(r) \leqslant 1$，保证变换后的像素灰度在允许的范围内。

$T^{-1}(s)$ 为反变换函数，同样应当满足上述两个条件。

用 $p_r(r)$ 和 $p_s(s)$ 分别表示原图像和变换后图像灰度级的概率密度函数。由基本概率理论得到的一个基本结果，如果 $p_r(r)$ 和 $T(r)$ 已知，且 $T^{-1}(s)$ 满足条件（1），那么变量 s 的概率密度函数 $p_s(s)$ 可由下式得到：

$$p_s(s) = p_r(r) \left| \frac{\mathrm{d}r}{\mathrm{d}s} \right| \tag{6-6}$$

由此可以看到，变换后图像的灰度 s 的概率密度函数就由原图像灰度 r 的概率密度函数决定。

在图像处理中，一个特别重要的变换函数有如下形式：

$$s = T(r) = (L-1) \int_0^r p_r(w) \mathrm{d}w \tag{6-7}$$

式中：w 是积分变量，公式右边是随机变量 r 的累积分布函数。因为概率密度函数始终为正，而一个函数的积分表示该函数曲线下方的面积，遵循单调递增的条件。当等式的上限为 $r = L-1$ 时，积分值等于1（因为概率密度函数曲线下方的面积最大为1），所以 s 的最大值是 $L-1$，保证了变换后像素的灰度值在允许的范围内。从而，条件（1）和（2）都能够得到满足。

为了得到 $p_s(s)$，在给定变换函数 $T(r)$ 的情况下，结合式（6-6），利用积分学中的莱布尼茨准则，可以知道关于上限的定积分的导数就是被积函数在该上限的值，即

$$\frac{\mathrm{d}s}{\mathrm{d}r} = \frac{\mathrm{d}T(r)}{\mathrm{d}r} = (L-1)\frac{\mathrm{d}}{\mathrm{d}r}\left[\int_0^r p_r(w)\mathrm{d}w\right] = (L-1)p_r(r) \tag{6-8}$$

将这个结果代入式（6-6），即可得

$$p_s(s) = p_r(r)|\frac{\mathrm{d}r}{\mathrm{d}s}| = p_r(r)||\frac{1}{(L-1)p_r(r)}| = \frac{1}{L-1} , \quad 0 \leq s \leq L-1 \qquad (6\text{-}9)$$

从式（6-9）可知，$p_s(s)$ 是一个均匀概率密度函数。简而言之，由式（6-7）给出的灰度变换函数可以得到一个随机变量 s，其特征为一个均匀概率密度函数。特别需要注意的是，式（6-7）中的 $T(r)$ 取决于 $p_r(r)$，但根据式（6-9），得到的 $p_s(s)$ 始终是均匀的，与 $p_r(r)$ 的形式无关。

对于离散值，我们处理其概率（直方图值）与和，而不是概率密度函数与积分。前面已经介绍了，一副数字图像中灰度级 r_k 出现的概率为 $p_r(r_k) = \frac{n_k}{n}$（$k = 0, 1, \cdots, L-1$），与 r_k 相对应的 $p_r(r_k)$ 图像通常称为直方图。式（6-7）中变换函数的离散形式为

$$s_k = T(r_k) = (L-1)\sum_{j=0}^{k} p_r(r_j) = \frac{L-1}{n}\sum_{j=0}^{k} n_j , \quad k = 0, 1, \cdots, L-1 \qquad (6\text{-}10)$$

这样，通过式（6-10）将原图像中灰度级为 r_k 的各像素映射到变换后的图像中灰度级为 s_k 的对应像素上。在式（6-10）中，变换 $T(r_k)$ 称为图像的直方图均衡化。

下面通过一个简单的例子来说明一下直方图均衡化的原理。假设一幅大小为 64×64 像素大小的 3bit 图像，灰度级数为 8（L=8），各灰度级分布见表 6-1。

表6-1　大小为64×64的3bit图像灰度级分布和直方图值

r_k	n_k	$p_r(r_k)$	s_k
$r_0 = 0$	824	0.20	1
$r_1 = 1$	800	0.20	3
$r_2 = 2$	650	0.16	4
$r_3 = 3$	1024	0.25	6
$r_4 = 4$	350	0.09	6
$r_5 = 5$	256	0.06	7
$r_6 = 6$	128	0.03	7
$r_7 = 7$	64	0.02	7

该图像的直方图如图 6-5（a）所示。直方图均衡化的变换函数可以利用式

（6-10）得到，如

$$s_0 = T(r_0) = (8-1)\sum_{j=0}^{0} p_r(r_j) = 7p_r(r_0) = 1.40$$

$$s_1 = T(r_1) = (8-1)\sum_{j=0}^{1} p_r(r_j) = 7p_r(r_0) + 7p_r(r_1) = 2.80$$

类似地，可以计算出 $s_2 = 3.92$、$s_3 = 5.67$、$s_4 = 6.30$、$s_5 = 6.72$、$s_6 = 6.93$、$s_7 = 7.07$，该变换函数的形状为阶梯形状，如图6-5（b）所示。由于 s 表示变换后图像的灰度，而图像的灰度都是整数，因此，采用四舍五入法将 s 近似为整数，从而可以得到 $s_0 = 1$、$s_1 = 3$、$s_2 = 4$、$s_3 = 6$、$s_4 = 6$、$s_5 = 7$、$s_6 = 7$、$s_7 = 7$。

从 s_0 到 s_7 近似后的值可以看出，只有5个灰度级（1、3、4、6、7）。其中，$r_0 = 0$ 被映射为 $s_0 = 1$，在均衡化后的图像中有824个像素具有该值（表6-1）；r_3 和 r_4 都被映射为6，在均衡化后的图像中一共有（1024+350）=1374个像素具有该值；r_5、r_6 和 r_7 都被映射为7，在均衡化后的图像中一共有（256+128+64）= 448个像素具有该值。其他灰度级的像素数可以通过同样的方法计算得到。图像的总像素数为64×64= 4096个。因此，根据每个灰度级的像素数和总像素数就可以得出该图像均衡化后的直方图，如图6-5（c）所示。

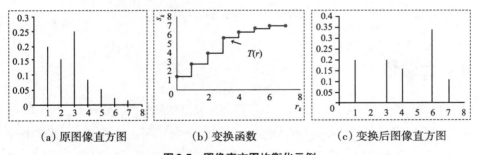

（a）原图像直方图　　　　　（b）变换函数　　　　　（c）变换后图像直方图

图6-5　图像直方图均衡化示例

图6-6给出了一个直方图均衡化的示例，其中图6-6（a）是原图像及其直方图，图6-6（b）是均衡化后的图像及其直方图。可以看出，原图像较暗，其像素灰度级主要集中在小灰度级一边。而均衡化后的图像对比度增强，细节更加清晰，灰度级分布相对均匀。

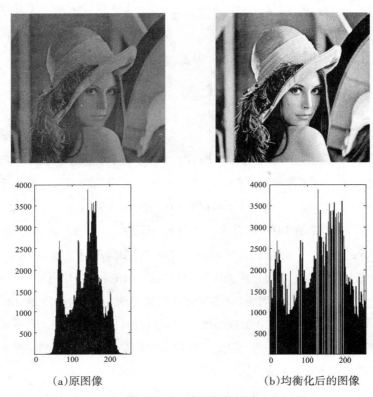

（a）原图像   （b）均衡化后的图像

图6-6　直方图均衡化示例

6.4 伪彩色增强

伪彩色增强是根据特定的准则对图像的灰度值赋以彩色的处理。由于人眼对彩色的分辨率远高于对灰度差的分辨率，所以这种技术可用来识别灰度差较小的像素。这是一种视觉效果明显而技术又不是很复杂的图像增强技术。人眼分辨灰度的能力很差，一般只有几十个数量级，但是人眼对彩色信号的分辨率却很强，利用伪彩色增强处理，将黑白图像转换为彩色图像后，人眼可以提取更多的信息量。

伪彩色（又称假彩色）增强处理一般有三种方式：第一种是把真实景物图像的像素逐个地映射为另一种颜色，使目标在图像中更突出；第二种是把多光谱图像中任意三个光谱图像映射为可见光红、绿、蓝三种可见光谱段的信号，再合成为一幅彩色图像；第三种是把黑白图像，用灰度级映射或频谱映射而成为类似真实彩色的处理，相当于黑白照片的人工着色方法。

从一副灰度图像生成一副彩色图像，是一个一对三的映射过程，需要对现有的灰度，通过一个合理的估计手段，映射为红、绿、蓝三基色的组合表示。

6.4.1 密度分层法

密度分层法是伪彩色增强中最为简单的一种方法，它是对图像亮度范围进行分层，使一定亮度间隔对应于某一类目标或几类目标，从而有利于图像的增强和分类。

如图 6-7 所示，密度分层法的映射关系是把灰度图像的灰度级从 0（黑）到白（255）分成 N 个区间，以 N_i 表示，$i = 0, 1, \cdots, N-1$，给每个区间指定一种彩色 C_i。这样，就可以把一幅灰度图像变成一幅伪彩色图像。密度分成法较为简单，但变换出的图像彩色数目有限。

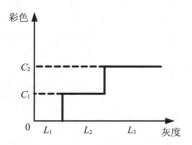

图6-7　密度分层法的映射关系

图6-8 给出了采用密度分层法进行伪彩色增强前后的效果对比图。其中，图6-8（a）是原图像，图6-8（b）是对原图像进行密度分层处理后的效果。可以看出，处理后的图像细节描述更加细腻。

（a）原图像　　　　　　　（b）密度分层法处理后的图像

图6-8　密度分层法进行伪彩色增强前后效果对比图

6.4.2 空域灰度级彩色变换法

空域灰度级的彩色变换法是一种更为常用的，比密度分层法更为有效的伪彩色增强方法。根据色度学原理，图像中的任何一种颜色，都可以表示为红（R）、绿（G）、蓝（B）三基色的组合。空域灰度级彩色变换法的思想就是分别给出原图像的灰度与红、绿、蓝三个颜色分量的一对一关系，这三个关系互不相同，从而完成图像从灰度到彩色的转换。

空域灰度级彩色变换法的实现过程是对输入图像的灰度值实行三种独立的变换：$T_R(\ )$、$T_G(\ )$、$T_B(\ )$，假设原图像的灰度级为 $f(x,y)$，则灰度级彩色变换的映射关系可表示为

$$\begin{cases} R(i,j) = T_R(f(i,j)) \\ G(i,j) = T_G(f(i,j)) \\ B(i,j) = T_B(f(i,j)) \end{cases} \tag{6-11}$$

一种典型的灰度级彩色变换函数如图6-9所示，这种伪彩色增强方法是根据温度颜色的原理设计出来的。采用图6-9所示的三种变换函数，能够将原图像中较暗的地方映射为蓝色，较亮的地方映射为红色。

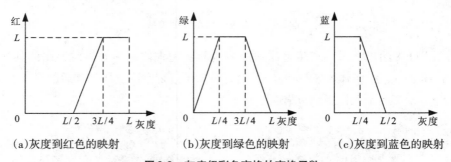

（a）灰度到红色的映射　　　（b）灰度到绿色的映射　　　（c）灰度到蓝色的映射

图6-9　灰度级彩色变换的变换函数

图6-10是采用空域灰度级彩色变换的伪彩色增强方法对图像进行增强的效果对比图。可以看出，原图像中较暗的部分看得不是很清楚，经过伪彩色增强之后，在图6-10（b）中就可以较为清晰地表示出来。

（a）原图像　　　　　　　　（b）空域灰度级彩色变换后的图像

图6-10　空域灰度级彩色变换前后效果对比图

6.4.3 频域伪彩色增强法

频域伪彩色增强法是把灰度图像经过傅里叶变换到频域，然后采用三个不同传递特性的滤波器，在频域将原图像的频谱分离成三个独立分量，分别对这三个独立分量再进行傅里叶逆变换，从而得到三幅代表不同频率分量的单色图像，将这三幅单色图像分别作为红、绿、蓝三个分量进行合成，得到伪彩色图像。

傅里叶变换是一种信号分析的方法，它可以分析信号的成分，也可以用这些成分合成信号。许多波形可以用作信号的成分，如正弦波、方波、锯齿波等，傅里叶变换采用正弦波作为信号的成分。

假设 $f(t)$ 是 t 的周期函数，如果 t 满足以下条件：

（1）在一个周期内具有有限个间断点，且在这些间断点上，函数是有限值；

（2）在一个周期内具有有限个极值点；

（3）绝对可积。

则下式成立：

$$F(\omega) = \int_{-\infty}^{+\infty} f(t)e^{-j\omega t} dt \tag{6-12}$$

式（6-12）就称为积分运算 $f(t)$ 的傅里叶变换。其中，$F(\omega)$ 称为 $f(t)$ 的像函数，$f(t)$ 称为 $F(\omega)$ 的像原函数。$F(\omega)$ 是 $f(t)$ 的像，$f(t)$ 是 $F(\omega)$ 的原像。傅里叶

变换的本质是内积，所以 $f(t)$ 和 $e^{j\omega t}$ 在求内积的时候，只有 $f(t)$ 中频率为 ω 的分量才会有内积的结果，其余分量的内积为0。可以理解为 $f(t)$ 在 $e^{j\omega t}$ 上的投影，积分值是时间从负无穷到正无穷的积分，就是把信号的每个时间在 ω 的分量叠加起来，也可以理解为 $f(t)$ 在 $e^{j\omega t}$ 上的投影的叠加，叠加的结果就是频率为 ω 的分量，也就形成了频谱。

傅里叶逆变换为

$$f(t) = \frac{1}{2\pi} \int_{-\infty}^{+\infty} F(\omega) e^{j\omega t} d\omega \tag{6-13}$$

傅里叶逆变换就是傅里叶变换的逆过程，在 $F(\omega)$ 和 $e^{-j\omega t}$ 上求内积的时候，$F(\omega)$ 只有 t 时刻的分量内积才有结果，其余时间分量内积结果为 0，同样积分值是频率从负无穷到正无穷的积分，就是把信号在每个频率在 t 时刻上的分量叠加起来，叠加的结果就是 $f(t)$ 在 t 时刻的值，也就是信号最初的时域。

对一个信号做傅里叶变换，然后直接做逆变换，是没有意义的。在傅里叶变换和傅里叶逆变换之间有一个滤波过程，将不要的频率分量过滤掉，然后再做逆变换，就可以得到想要的信号。比如，信号中掺杂着噪声信号，可以通过滤波器将噪声信号的频率去除，然后再做傅里叶逆变换，就可以得到没有噪声的信号。频域伪彩色增强正式利用了这一原理。

图 6-11 显示了频域伪彩色增强的原理。

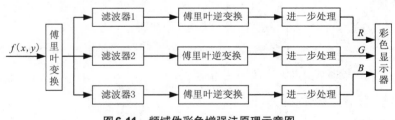

图6-11 频域伪彩色增强法原理示意图

图 6-12 显示了采用频域伪彩色增强法得到的一幅伪彩色图像。

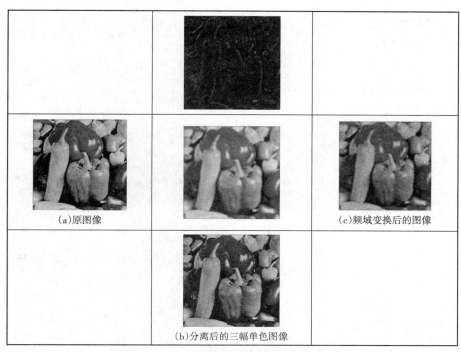

（a）原图像

（c）频域变换后的图像

（b）分离后的三幅单色图像

图6-12 频域伪彩色变换前后效果对比图

6.5 OpenCV实现

6.5.1 对比度线性展宽

增加一个按钮（Caption：线性拉伸；ID：IDC_LineScale），并添加消息响应函数，使用线性拉伸的方法对图像进行对比度展宽，代码如下：

```
IplImage *g_src,*dst;
g_src=cvCreateImage(cvGetSize(m_ipl),IPL_DEPTH_8U,1);//用来存储灰度图像
cvCvtColor(m_ipl,g_src,CV_RGB2GRAY);//将图像由RGB图像转为灰度图，详细介绍见11.5节
dst=cvCreateImage(cvGetSize(g_src),IPL_DEPTH_8U,1);//用来存储拉伸后的图像
```

```
int tmp=0;
for (int y=0;y<dst->height;y++)//线性拉伸
{
    for (int x=0;x<dst->width;x++)
    {
        tmp=((UCHAR*)(g_src->imageData + g_src->widthStep*y))[x];//取原
图第x行y列像素点的灰度值
        UCHAR* temp_ptr = &((UCHAR*) (dst->imageData + dst->width-
Step*y))[x];//获取拉伸图像第x行y列像素点的指针
        if (tmp<64)
        {
            temp_ptr[0]=tmp/2;
        }
        else if(tmp<192)
        {
            temp_ptr[0]=tmp+tmp/2;
        }
        else
        {
            temp_ptr[0]=tmp/2;
        }
    }
}
    cvNamedWindow("线性拉伸");
    cvShowImage("线性拉伸", dst);
  cvWaitKey(0);
    cvReleaseImage(&g_src);
    cvReleaseImage(&dst);
```

运行结果如图6-13所示。

图6-13 线性拉伸处理结果

6.5.2 非线性动态范围调整

增加一个按钮（Caption：非线性拉伸；ID：IDC_LogScale），并添加消息响应函数，使用对数函数对图像进行非线性的动态范围调整，代码如下：

```
IplImage *g_src,*dst;
g_src=cvCreateImage(cvGetSize(m_ipl),IPL_DEPTH_8U,1);//用来存储灰度图像
cvCvtColor(m_ipl,g_src,CV_RGB2GRAY);//将图像由RGB图像转为灰度图
dst=cvCreateImage(cvGetSize(g_src),IPL_DEPTH_8U,1);//用来存储拉伸后的
图像
int tmp=0;
for (int y=0;y<dst->height;y++)//线性拉伸
{
        for (int x=0;x<dst->width;x++)
        {
tmp=((UCHAR*)(g_src->imageData + g_src->widthStep*y))[x];//取原图第 x 行 y
列像素点的灰度值
            UCHAR* temp_ptr = &((UCHAR*) (dst->imageData + dst->width-
Step*y))[x];//获取拉伸图像第 x 行 y 列像素点的指针
```

```
            temp_ptr[0]=(UCHAR)120*log10((float)(1+tmp));
        }
}
```

cvNamedWindow("非线性拉伸");

cvShowImage("非线性拉伸", dst);

cvWaitKey(0);

cvReleaseImage(&g_src);

cvReleaseImage(&dst);

运行结果如图6-14所示。

图6-14   非线性拉伸处理结果

6.5.3 直方图均衡

　　增加一个按钮（Caption：直方图均衡；ID：IDC_HistEq），并添加消息响应函数，实现对图像的灰度直方图均衡，代码如下：

```
IplImage *g_src,*dst;
g_src=cvCreateImage(cvGetSize(m_ipl),IPL_DEPTH_8U,1);
cvCvtColor(m_ipl,g_src,CV_RGB2GRAY);
dst=cvCreateImage(cvGetSize(g_src),IPL_DEPTH_8U,1);//存储直方图均衡后
的图像
```

```
cvEqualizeHist(g_src,dst);//直方图均衡
cvNamedWindow("直方图均衡后图像");
cvShowImage("直方图均衡后图像",dst);
cvWaitKey(0);
cvReleaseImage(&g_src);
cvReleaseImage(&dst);
```

void cvEqualizeHist(const CvArr* src, CvArr* dst);

灰度图像直方图均衡化

src: 输入的 8bit 单信道图像

dst: 输出的图像与输入图像大小与数据类型相同

函数 cvEqualizeHist 采用如下法则对输入图像进行直方图均衡化:

(1) 计算输入图像的直方图 H;

(2) 直方图归一化,因此直方块和为255;

(3) 计算直方图积分;

(4) 采用H'作为查询表:dst(x,y)=H'(src(x,y))进行图像变换。

该方法归一化图像亮度和增强对比度。

运行结果如图6-15所示。

图6-15　直方图均衡处理结果

6.5.4 伪彩色增强法

增加3个Radio控件（Caption：分层，空域，频域；ID：IDC_RADIO1，IDC_RADIO2，IDC_RADIO3）、一个按钮（Caption：伪彩色；ID：IDC_ Pseudocolor），并使用一个Group控件将上述控件按钮包括。

然后将第一个Radio控件（Caption：分层；ID：IDC_RADIO1）属性中的Group项改为True，并为其添加一个int型的Value变量m_PseudoColorMode。运行结果如图6-16所示。

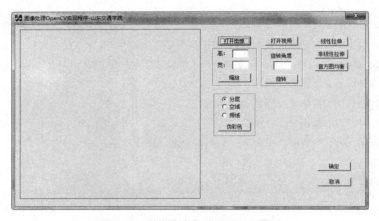

图6-16　增加伪彩色处理后运行界面

为伪彩色按钮添加消息响应函数，根据单选框的选择情况，分别使用密度分层法、空域灰度级变化法以及频域方法对图像进行伪彩色增强，代码如下：

```
IplImage *g_src,*dst;
g_src=cvCreateImage(cvGetSize(m_ipl),IPL_DEPTH_8U,1);
cvCvtColor(m_ipl,g_src,CV_RGB2GRAY);
dst=cvCreateImage(cvGetSize(g_src),IPL_DEPTH_8U,3);//用来存储伪彩色图像
UpdateData();//获取单选框的选择情况，更新m_PseudoColorMode的值
int tmp=0;
switch (m_PseudoColorMode)
```

```
{
    case 0://密度分层法
        for (int y=0;y<dst->height;y++)
        {
            for (int x=0;x<dst->width;x++)
            {
                tmp=((UCHAR*)(g_src->imageData + g_src->widthStep*y))
[x];//原始灰度图第x行第y列像素点的灰度值
                UCHAR*  temp_ptr=&((UCHAR*) (dst->imageData + dst->
widthStep*y))[x*3];//伪彩色图像第x行第y列像素点的指针
                if (tmp<60)
                {
                    temp_ptr[0] = 255; //blue
                    temp_ptr[1] = 0; //green
                    temp_ptr[2] =0; //red
                }
                else if(tmp<200)
                {
                    temp_ptr[0] = 0; //blue
                    temp_ptr[1] = 255; //green
                    temp_ptr[2] =0; //red
                }
                else
                {
                    temp_ptr[0] = 0; //blue
                    temp_ptr[1] = 0; //green
                    temp_ptr[2] = 255; //red
                }
            }
```

```
        }
    break;
case 1 ://空域灰度级法
    for (int y=0;y<dst->height;y++)
    {
        for (int x=0;x<dst->width;x++)
        {
            tmp=((UCHAR*)(g_src->imageData + g_src->widthStep*y))
[x];//原始灰度图第 x 行第 y 列像素点的灰度值
            UCHAR*  temp_ptr=&((UCHAR*) (dst->imageData + dst->
widthStep*y))[x*3];//伪彩色图像第 x 行第 y 列像素点的指针
            if (tmp<64)
            {
                temp_ptr[0] = 255; //blue
                temp_ptr[1] = tmp; //green
                temp_ptr[2] =0; //red
            }
            else if(tmp<128)
            {
                temp_ptr[0] = tmp; //blue
                temp_ptr[1] = 255; //green
                temp_ptr[2] =0; //red
            }
            else if(tmp<192)
            {
                temp_ptr[0] = 0; //blue
                temp_ptr[1] = 255; //green
                temp_ptr[2] =tmp; //red
            }
```

```
            else
            {
                temp_ptr[0] = 0; //blue
                temp_ptr[1] = tmp; //green
                temp_ptr[2] = 255; //red
            }
        }
    }
    break;
case 2://频域法，三通道分别滤波
    IplImage *dst_R,*dst_G,*dst_B,*dst_sobel;
    dst_R=cvCreateImage(cvGetSize(g_src),IPL_DEPTH_8U,1); //存储伪
```
彩色图像的R通道
```
    dst_G=cvCreateImage(cvGetSize(g_src),IPL_DEPTH_8U,1); //存储伪
```
彩色图像的G通道
```
    dst_B=cvCreateImage(cvGetSize(g_src),IPL_DEPTH_8U,1); //存储伪
```
彩色图像的B通道
```
    dst_sobel=cvCreateImage(cvGetSize(g_src),IPL_DEPTH_16S,1); //存
```
储sobel算子运算后的结果，由于Sobel算子求完导数后会有负值，还有会大于
255的值，要16位有符号的，也即便 IPL_DEPTH_16S
```
    cvSobel(g_src,dst_sobel,1,0,3);//使用sobel算子滤波，详细介绍见
```
8.4.1节
```
    cvConvertScaleAbs(dst_sobel,dst_R,1,0);//将sobel算子滤波后的结果
```
转为8位无符号，并存入R通道
```
    cvSmooth(g_src,dst_G,CV_MEDIAN,3,3);//G通道使用中值滤波
    cvSmooth(g_src,dst_B,CV_GAUSSIAN);// B通道使用高斯滤波
    for (int y=0;y<dst->height;y++)//将R、G、B三通道的图像合成伪彩
```
色图像
```
    {
```

```
            for (int x=0;x<dst->width;x++)
            {
                int tmp_R=((UCHAR*)(dst_R->imageData + dst_R->width-
Step*y))[x];
                int tmp_G=((UCHAR*)(dst_G->imageData + dst_G->width-
Step*y))[x];
                int   tmp_B=((UCHAR*)(dst_B->imageData + dst_B->width-
Step*y))[x];
                UCHAR* temp_ptr = &((UCHAR*)(dst->imageData + dst->
widthStep*y))[x*3];
                temp_ptr[0] = tmp_B; //blue
                temp_ptr[1] = tmp_G; //green
                temp_ptr[2] =tmp_R; //red
            }
        }
        break;
    }
    cvNamedWindow("伪彩色");
    cvShowImage("伪彩色", dst);
  cvWaitKey(0);
    cvReleaseImage(&g_src);
    cvReleaseImage(&dst);
```

```
    void cvConvertscaleAbs( const CvArr* src, CvArr* dst, double scale=1, double
shift=0 );
```

使用线性变换转换输入数组元素成8位无符号整型, 且存储变换结果的绝对值, 其中参数含义如下:

src: 原数组。

dst：输出数组 (深度为 8u)。

scale：比例因子。

shift：原数组元素按比例缩放后添加的值。

dst(I)=abs(src(I)*scale + (shift,shift,...))

　　函数只支持目标数数组的深度为 8u (8bit 无符号)，对于别的类型函数仿效于 cvConvertScale 和 cvAbs 函数的联合。

　　运行结果如下：

密度分层法伪彩色增强处理结果如图 6-17 所示。

图6-17　密度分层法伪彩色处理结果

空域灰度级彩色变换法伪彩色增强处理结果如图 6-18 所示。

图6-18　空域灰度级彩色变换法伪彩色处理结果

频域法伪彩色增强处理结果如图 6-19 所示。

图 6-19　频域法伪彩色增强处理结果

第7章 图像去噪

7.1 噪声的概念

数字图像中的噪声是在图像的获取和传输过程，所受到的随机信号干扰，是妨碍人们理解的因素。例如，在使用CCD相机获取图像时，光照和温度等外界条件会影响图像中的噪声数量；在图像传输过程中，传输信道的干扰也会对图像造成污染。噪声在理论上可以定义为"不可预测，只能用概率统计方法来认识的随机误差"，因此，图像噪声可以看成是多维随机过程，因而可以用随机过程来对噪声进行描述，即用概率分布函数和概率密度分布函数来描述。

图像噪声是多种多样的，其性质也千差万别。从噪声产生的原因来看，图像噪声可分为外部噪声和内部噪声。外部噪声是由系统外部干扰以电磁波或经电源串进系统内部引起的噪声，如外部电气设备的电磁干扰、天体放电产生的脉冲干扰等；内部噪声是由系统电气设备内部引起的噪声，如光和电的基本性质引起的噪声、电气的机械运动产生的噪声、器材材料本身引起的噪声、系统内部电路相互干扰引起的噪声等。

7.1.1 图像中的常见噪声

在图像中常见的噪声主要有以下几种：

1. 加性噪声

加性噪声和图像信号强度是不相关的，如图像在传输过程中引进的"信道噪声"电视摄像机扫描图像的噪声的。这类带有噪声的图像 g 可看成理想无噪声图像 f 与噪声 n 之和，即

$$g(t) = f(t) + n(t) \tag{7-1}$$

2. 乘性噪声

乘性噪声和图像信号是相关的，往往随图像信号的变化而变化，如飞点扫描图像中的噪声、电视扫描光栅、胶片颗粒造成等，这类带有噪声的图像 g 可看成理想无噪声图像 f 与噪声 n 之积，即

$$g(t) = f(t)[1 + n(t)] \tag{7-2}$$

3. 量化噪声

量化噪声是数字图像的主要噪声源，其大小显示出数字图像和原始图像的差异，减少这种噪声的最好办法就是采用按灰度级概率密度函数选择化级的最优化措施。

4. "椒盐"噪声

此类噪声如图像切割引起的即黑图像上的白点、白图像上的黑点噪声、在变换域引入的误差、使图像反变换后造成的变换噪声等。

7.1.2 常见噪声模型

从噪声的概率分情况来看，图像中的噪声可分为高斯噪声、脉冲噪声、瑞利噪声、伽马噪声、指数分布噪声和均匀噪声。它们对应的概率密度函数（PDF）如下：

1. 高斯噪声

在空间域和频域中，由于高斯噪声在数学上的易处理性，这种噪声(也称为正态噪声)模型经常被用在实践中。高斯随机变量 z 的PDF由下式给出：

$$p(z) = \frac{1}{\sqrt{2\pi}\,\sigma} e^{-(z-\mu)^2/2\sigma^2} \tag{7-3}$$

式中：z 表示灰度值；μ 表示 z 的平均值或期望值；α 表示 z 的标准差。当 z 服从上述分布时，其值有95%落在 $[(\mu - 2\sigma),\ (\mu + 2\sigma)]$ 范围内。

2. 脉冲噪声（椒盐噪声）

（双极）脉冲噪声的PDF可由下式给出：

$$p(z) = \begin{cases} p_a, & z = a \\ p_b, & z = b \\ 0, & \text{其他} \end{cases} \tag{7-4}$$

如果 $b > a$，则灰度值 b 在图像中将显示为一个亮点；反之，则 a 的值将显示为一个暗点。若 p_a 或 p_b 为零，则脉冲称为单极脉冲。如果 p_a 和 p_b 均不可能为零，尤其是它们近似相等时，则脉冲噪声值将类似于随机分布在图像上的胡椒和盐粉微粒。由于这个原因，双极脉冲噪声也称为椒盐噪声。

3. 瑞利噪声

瑞利噪声的 PDF 可由下式给出：

$$p(z) = \begin{cases} \dfrac{2}{b}(z-a)\mathrm{e}^{-(z-a)^2/b}, & z \geq a \\ 0, & z < a \end{cases} \tag{7-5}$$

其密度均值和方差分别为

$$\mu = a + \sqrt{\pi b/4} \tag{7-6}$$

$$\sigma^2 = \frac{b(4-\pi)}{4} \tag{7-7}$$

4. 伽马噪声

伽马噪声的 PDF 可由下式给出：

$$p(z) = \begin{cases} \dfrac{a^b z^{b-1}}{(b-1)!}\mathrm{e}^{-az}, & z \geq 0 \\ 0, & z < 0 \end{cases} \tag{7-8}$$

其密度的均值和方差分别为

$$\mu = \frac{b}{a} \tag{7-9}$$

$$\sigma^2 = \frac{b}{a^2} \tag{7-10}$$

5. 指数分布噪声

指数分布噪声的 PDF 为

$$p(z) = \begin{cases} a\mathrm{e}^{-az}, & z \geq 0 \\ 0, & z < 0 \end{cases} \tag{7-11}$$

其中，$a > 0$，概率密度函数的期望值和方差分别为

$$\mu = \frac{1}{a} \tag{7-12}$$

$$\sigma^2 = \frac{1}{a^2} \tag{7-13}$$

6. 均匀噪声

均匀噪声的PDF为

$$p(z) = \begin{cases} \dfrac{1}{b-a}, & a \leq z \leq b \\ 0, & 其他 \end{cases} \tag{7-14}$$

其均值和方差分别为

$$\mu = \frac{a+b}{2} \tag{7-15}$$

$$\sigma^2 = \frac{(b-a)^2}{12} \tag{7-16}$$

图像噪声容易使图像变得模糊，给分析带来困难。一般来说，图像噪声具有如下特点：① 噪声在图像中的分布和大小不规则，具有随机性；② 噪声和图像信号之间一般具有相关性；③ 噪声具有叠加性。

去除或减轻图像中的噪声称为图像去噪，图像去噪的目的就是为了减少图像噪声，以便于对图像进行理解和分析。图像去噪可以在空间域进行，也可以在变换域进行。空间域去噪方法主要是利用各种滤波器对图像去噪，如均值滤波器、中值滤波器、维纳滤波器等，空间域滤波是在原图像上直接进行数据运算，对像素的灰度值进行处理。变换域去噪就是对原图像进行某种变换，然后将图像转换到变换域，再对变换域中的变换系数进行处理，再进行反变换，将图像从变换域转换到空间域，从而达到去噪的目的。将图像从空间域转换到变换域的变换方法很多，如傅里叶变换、余弦变换、小波变换等。不同变换方法在变换域得到的变换系数具有不同的特点，根据这些特点合理处理变换系数，就可以有效达到去除或减轻噪声的目的。

7.2 均值滤波

均值滤波是典型的用于消除图像噪声的线性滤波方法，其基本思想是用邻近几个像素灰度的均值来代替每个像素的灰度值。

采用均值滤波方法，首先是在图像上对目标像素给定一个模板，该模板包含了目标像素及其周围的邻近像素，再用模板中全体像素的平均值来代替目标像素。图7-1给出了一个3×3的均值滤波模板。

1	2	3
4	目标像素	5
6	7	8

图7-1 3×3均值滤波模板示意图

均值滤波采用的方法为邻域平均法。假设目标像素的灰度为 $g(x,y)$，选择一个目标板，该模板由邻近的若干像素组成，求模板中所有像素的均值，再把该均值赋给目标像素点，作为处理后图像在该点的灰度值，即

$$g(x,y) = \frac{1}{m} \sum_{f(x,y) \in s} f(x,y) \tag{7-17}$$

式中：s 为模板；m 为模板中包含目标像素在内的像素总个数。

均值滤波比较适用于去除图像中的加性噪声，但由于其本身存在的固有缺陷，即均值滤波不能很好地保护图像中的细节，因此，在图像去噪的过程中，也破坏了图像的细节部分，从而使图像变得模糊。

图7-2（a）是一幅添加了高斯噪声之后的图像，图7-2（b）是一幅采用3×3均值滤波器处理之后的效果图。可以看出，经过滤波之后，原图像中的噪声得到了抑制，但图像也变得模糊，图像的部分细节丢失。

（a）原图像

（b）采用3×3均值滤波之后的效果图

图7-2 3×3均值滤波效果图

7.3 中值滤波

中值滤波是一种非线性滤波方法，也是图像处理中最为常用的预处理技术。它在平滑脉冲噪声方面非常有效，同时也可以保护图像尖锐的边缘。

中值滤波是基于排序统计理论的一种滤波方法，在实现过程中，首先确定以目标像素为中心点的邻域，一般为方形邻域（如3×3、5×5等），也可以是圆形、十字形等，然后将邻域中的像素按灰度值进行排序，选择中间值作为目标像素的灰度值。

中值滤波一般采用含有奇数个点的滑动窗口，在一维情况下，将窗口正中的像素灰度值用窗口内全部像素灰度值的中值来代替。假设一个一维序列为 $f_1 f_2, \cdots f_n$，取窗口长度为 m，m 为奇数，对该序列进行中值滤波，就是从序列中连续抽出 m 个点，$f_{i-v} f_{i-v+1}, \cdots f_{i-1} f_i f_{i+1}, \cdots f_{i+v-1} f_{i+v}$，其中 i 为窗口的中间位置，$v = \dfrac{m-1}{2}$，将这 m 个点由小到大进行排序，中间的点即为中值滤波的输出点，即

$$P_i = Med\{f_{i-v} f_{i-v+1}, \cdots f_{i-1} f_i f_{i+1}, \cdots f_{i+v-1} f_{i+v}\}$$

对于二维序列 $\{x_{i,j}\}$ 进行中值滤波时，滤波窗口也是二维的，但窗口形状可以不同，如线状、方形、圆形、十字形等。二维中值滤波可以表示为

$$P_{i,j} = \underset{x_{i,j} \in A}{Med}\{x_{i,j}\} \tag{7-18}$$

式中：A 为滤波窗口。

在实际使用是，窗口尺寸一般先取3×3，再取5×5，逐渐增大，直到达到满意的滤波效果为止。

图 7-3（a）是一幅添加了椒盐噪声之后的图像，图 7-3（b）是一幅采用3×3中值滤波器处理之后的效果图。可以看出，中值滤波对椒盐噪声的抑制效果较为明显，滤波之后的图像清晰易读。

（a）原图像　　　　　　（b）采用3×3中值滤波之后的效果图

图7-3　3×3中值滤波效果图

7.4 边界保持滤波

经过滤波处理之后，特别是经过均值滤波处理之后，图像容易变得模糊。究其原因，是因为在图像中，由于物体之间存在边界，人们才能够清楚地辨认各个物体。而边界点与噪声点有一个共同的特性，就是都具有灰度的跃变，即它们的灰度值与周围其他像素的灰度值相比，有较大的变化。在滤波处理过程中，边界点与噪声点一起，也被平滑处理了，从而造成图像模糊。

为了解决图像模糊问题，一个最简单的想法就是在进行滤波处理时，首先判断当前像素是否是边界上的点，如果是，则不进行滤波处理，如果不是，则进行滤波处理。边界保持滤波的核心就是确定边界点与非边界点。如图7-4所示，①即为非边界点，②为边界点。

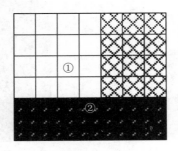

图7-4　边界点与非边界点

在滤波时，在 $m \times m$ 的滤波窗口中，选择分别选择 k 个与点①和点②的灰度值最相近的点，而不是全部滤波窗口中的点，来计算目标像素的灰度值。这样选择像素点，对非边界目标像素点的影响不大，但是对边界目标像素点的影响很大，从而可以保持图像中物体的边缘，减轻图像模糊。这种边界保持滤波方法称为K近邻滤波。

在滤波窗口中选择k个像素点之后，用这k个像素的灰度均值来代替目标像素的灰度值，就称为K近邻均值滤波（KNNF）。选择这k个像素灰度值的中值来代替目标限速的灰度值，就称为K近邻中值滤波（KNNMF）。

图7-5和图7-6显示了采用K近邻均值滤波器和K近邻中值滤波器对添加了椒盐噪声之后图像进行滤波处理的效果图。其中，滤波窗口大小为5×5，k取值为17。从图中可以看出，K近邻均值滤波器和K近邻中值滤波器对椒盐噪声都有较好的抑制效果。滤波之后的图像明显比原图像清晰易读。

(a)原图像　　　　　　　　　(b)采用K近邻均值滤波之后的效果图

图7-5　K近邻均值滤波效果图

(a)原图像　　　　　　　　　(b)采用K近邻中值滤波之后的效果图

图7-6　K近邻中值滤波效果图

7.5 其他去噪滤波

上面几节主要介绍的是空间域滤波方法，空间域滤波方法计算复杂度较低。除了空间域滤波方法外，还有许多变换域滤波方法、形态学滤波方法等，在此仅对维纳滤波和小波变换滤波方法略作介绍。

7.5.1 维纳滤波

维纳滤波是用来解决从噪声中提取信号问题的一种滤波方法，是以最小平方为最优准则的滤波方法，即在一定的约束条件下，使滤波后的实际输出与期望输出的差的平方达到最小。维纳滤波又称为最小二乘滤波或最小平方滤波，是目前基本的滤波方法之一。

维纳滤波是一种线性滤波方法，这种线性滤波问题，可以看成是一种线性估计问题。

一个线性系统，假设它的单位样本响应为 $h(n)$，当输入一个随机信号 $x(n)$，且

$$x(n) = s(n) + v(n) \tag{7-19}$$

其中，$s(n)$ 表示信号，$v(n)$ 表示噪声，则输出 $y(n)$ 为

$$y(n) = \sum_m h(m)x(n-m) \tag{7-20}$$

$x(n)$ 经过线性系统 $h(n)$ 后，得到的 $y(n)$ 如果能够尽量接近 $s(n)$，则效果最优，因此称 $y(n)$ 为 $s(n)$ 的估计值，这里用 $\hat{s}(n)$ 表示，即

$$y(n) = \hat{s}(n) \tag{7-21}$$

一般情况下，从当前和过去的观察值来估计当前的信号值 $y(n) = \hat{s}(n)$，称为滤波；从过去的观察值，估计当前或将来的信号值 $y(n) = \hat{s}(n+N)(N \geq 0)$，称为预测；从过去的观察值，估计过去的信号值 $y(n) = \hat{s}(n-N)(N > 1)$，称为平滑。因此，维纳滤波常常称为最佳线性滤波与预测。

维纳滤波器的输入、输出关系如图7-7所示。

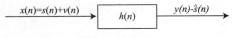

图7-7　维纳滤波输入、输出关系图

假设维纳滤波的输入为含有噪声的图像，期望输出与实际输出之间的差值为误差，对该误差求均方，即为均方误差。均方误差越小，滤波效果就越好。维纳滤波根据图像的局部方差来调整滤波器的输出，局部方差越大，滤波作用越强。维纳滤波的最终目的是使恢复图像 $f(x,y)$ 与原始图像 $f_0(x,y)$ 的均方误差最小，即

$$\min\{E[(f(x,y)-f_0(x,y))^2]\} \tag{7-22}$$

维纳滤波的效果比均值滤波要好，对保留图像中物体的边界也很有效，不过计算复杂度较大。

7.5.2 小波变换滤波

小波分析是时频分析的一种。一般的时频分析方法如经典的傅里叶变换法是时频分开的，不能解决非平稳信号，也不能刻画任意小范围内的信号特征。其改进算法窗口傅里叶变换虽然把时频结合分析，但窗口大小和形状都是固定的，不能随需要而调整窗口宽度。而小波变换能将时域和频域结合起来描述信号的时频联合特征，而且在时频两域都有表征信号局部特征的能力，窗口大小不变但形状可变，是时间窗和频率窗都可改变的时频局部化分析方法。也即在低频部分窗宽小，具有较高的频率分辨率和较低的时间分辨率；高频部分具有较高的时间分辨率和较低的频率分辨率，所以小波分析被誉为"数学显微镜"。所以小波分析有其无法比拟的优越性：一是"自适应性"，能根据被分析对象自动调整有关参数；二是"数学显微镜"，能根据观察对象自动"调焦"，以得到最佳效果。

1989 年， Mallat 创造性地将计算机视觉领域中的多分辨率分析方法引入到小波基的构造中，首次统一了以前 Stomberg、Meyer、Lenarie 和 Battle 等提出的各种小波的构造方法，并研究了小波变换的离散形式，他还给出了 Mallat 塔式分解和重构算法，从而为小波理论的工程应用铺平了道路。1990 年，Cohen 等人构造出具有线性相位的双正交小波。同年，C. K. Chui 和 Wang 构造了基于样条分析的单正交小波，并讨论了具有最好局部化性质的尺度函数和小波函数。1991 年，Coifman 和 Ickerhauser 等人提出了小波包和小波包库的概念，并成功地应用于图像压缩编码中。1992 年，Vetterli 推导出具有一定正则度的小波滤波器组的设计方法。20 世纪 90 年代中期以后，小波方面的研究主要集中在理论成果的应用方面。

小波（Wavelet）是指小区域、长度有限、均值为 0 的波形。所谓"小"，是

指它具有衰减性，而"波"则是指它的波动性。小波变换是时间（空间）频率的局部优化分析，它通过伸缩平移运算对信号逐步进行多尺度细化，最终达到高频处时间细分和低频处频率细分，能自适应时频信号分析的要求。

设 $\psi(t) \in L^2(R)$，$L^2(R)$ 表示平方可积的实数空间，其傅里叶变换为 $\psi(t)$。当 $\psi(t)$ 满足条件

$$C_{\psi} = \int_R \frac{|\psi(t)|^2}{|w|} \mathrm{d}w < \infty \qquad (7\text{-}23)$$

时，就称 $\psi(t)$ 为一个基本小波。将基本小波函数 $\psi(t)$ 伸缩或平移后，就可以得到一个小波序列：

$$\psi_{a,b}(t) = \frac{1}{\sqrt{|a|}} \psi\left(\frac{t-b}{a}\right) \qquad a,b \in R, a \neq 0 \qquad (7\text{-}24)$$

式中：a 为伸缩因子；b 为平移因子。

对于任意的函数 $f(t) \in L^2(R)$ 的连续小波变换为

$$W_f(a,b) = <f, \psi_{a,b}> = \frac{1}{\sqrt{|a|}} \int_R f(t) \overline{\psi\left(\frac{t-b}{a}\right)} \mathrm{d}t \qquad (7\text{-}25)$$

其逆变换为

$$f(t) = \frac{1}{C_{\psi}} \int_R \cdot \int_R \frac{1}{a^2} W_f(a,b) \psi\left(\frac{t-b}{a}\right) \mathrm{d}a \mathrm{d}b \qquad (7\text{-}26)$$

小波变换的视频窗可以由伸缩因子 a 和平移因子 b 来调节，平移因子可以改变窗口在相平面时间轴上的位置，伸缩因子的大小不仅能够影响窗口在频率轴上的位置，还能够改变窗口的形状。

从信号学的角度来看，小波去噪是一个信号滤波的问题。在很大程度上，小波去噪可以看成是低通滤波，但由于在去噪后，还能够成功地保留信号的特征，所以又优于传统的低通滤波器。因此，小波去噪实际上是特征提取和低通滤波的综合。

一般来说，一维信号的降噪过程可以分三步进行：

（1）一维信号小波分解，选择一个小波并确定一个小波分解的层次 N，然后对信号进行 N 层小波分解计算。

（2）小波分解高频系数的阈值量化，对第 1 层到第 N 层的每一层高频系数，选择一个阈值进行软阈值化处理。

（3）一维小波重构。根据小波分解的第 N 层的低频系数和经过量化处理后

的第1层到第 N 层的高频系数，进行一维信号的小波重构。

在以上三个步骤中，最核心的就是如何选取阈值并对阈值进行量化，在某种程度上，这关系到信号降噪的质量，在小波变换中，对各层系数所需的阈值一般根据原始信号的信噪比来选取，也即通过小波各层分解系数的标准差来求得。在得到信号噪声强度后，就可以确定各层的阈值。

小波变换一个最大的优点是其函数系丰富，有多种选择，不同的小波系数生成的小波会有不同的效果。图像经过小波分解后，可分为高频部分和低频部分，高频部分包含了图像的细节和混入图像中的噪声，低频部分包含了图像的轮廓。因此，对图形去噪，只需要对其高频系数进行量化处理即可。

小波变换去噪就是利用小波变换把含有噪声的图像分解到多个尺度，然后在每一个尺度下把属于噪声的小波系数去除，保留并增强属于图像信号的小波系数，最后重构出去噪后的图像。

7.5.3 Lee滤波和增强Lee滤波

早在1976年，Arsenault和April就证明相干斑噪声是乘性独立同分布的，可以表示为

$$I(t) = R(t) \cdot u(t) \tag{7-27}$$

式中：$I(t)$ 表示观测值；$R(t)$ 表示理想的、不受噪声影响的图像；$u(t)$ 表示相干斑噪声。从式（7-27）中可以看出，去斑就是从受斑块噪声影响的观测值 $I(t)$ 中忠实恢复理想图像 $R(t)$。

在Lee滤波器中，首先将式（7-27）用一阶泰勒展开为线性模型，然后用最小均方差估计此线性模型，得到滤波公式：

$$\hat{R}(t) = I(t)W(t) + \bar{I}(t)(I - W(t)) \tag{7-28}$$

式中：$\hat{R}(t)$ 是去斑后的图像值，即式（7-27）中的 $R(t)$ 的估计值；$\bar{I}(t)$ 是去斑窗口均值；$W(t)$ 是权重函数，即

$$W(t) = 1 - \frac{C_u^2}{C_I^2(t)} \tag{7-29}$$

C_u 和 $C_I(t)$ 分别是斑块 $u(t)$ 和图像 $I(t)$ 的标准差系数：

$$C_u = \frac{\sigma_u}{\bar{u}} \tag{7-30}$$

$$C_I(t) = \frac{\sigma_I(t)}{\bar{I}(t)} \tag{7-31}$$

式中：σ_u、$\bar{u}$ 分别是斑块 $u(t)$ 的标准差和均值；$\sigma_I(t)$ 是图像 $I(t)$ 的标准差。

增强 Lee 滤波主要用来滤去 SAR 图像的斑点噪声，其数学表达式为

$$R = \begin{cases} I, & C_I \leqslant C_u \\ I^*W + CP^*(1-W), & C_u < C_I < C_{max} \\ CP, & C_I \geqslant C_{max} \end{cases} \tag{7-32}$$

式中：R 为滤波后中心像元灰度值；I 代表滤波窗口内的灰度的平均值；$C_u = 1/\text{sqrt}(NLOOK)$，$NLOOK$ 定义了雷达图像的视数，取值范围为 [0, 100]，默认值为 1；$C_I = VAR/I$，VAR 代表滤波窗口内灰度的方差；$C\,max = \text{sqrt}(1+2/NLOOK)$；$W = \exp(-DAMP(C_I - C_u)/(C_{max} - C_I))$，$DAMP$ 定义了衰减系数，对于多数 SAR 图像来说，取 1.0 即可。

7.5.4 Frost 自适应滤波和增强 Frost 滤波

Frost 自适应滤波器执行前必须先定义平滑窗口中每个对应像元的权重值 M：

$$M = \exp(-A^*T) \tag{7-33}$$

$$A = DAMP^*(V/I^2) \tag{7-34}$$

式中：T 为平滑窗口内中心像元到其邻像元的绝对距离；$DAMP$ 为指数衰减系数，取值范围是 [0.0, 10.0]，默认值为 1.0；V 为平滑窗口像元灰度值的方差。

经过自适应 Frost 滤波后中心的像元灰度值为

$$R = \sum_{i=1}^{n} P_i M_i \Big/ \sum_{i=1}^{n} M_i \tag{7-35}$$

式中：P_i 为平滑窗口每个像元的灰度值；M_i 为平滑窗口每个像元对应的权重值；n 表示窗口的大小。

增强 Frost 滤波的数学公式为

$$R = \begin{cases} I, & C_I < C_u \\ Rf, & C_u \leqslant C_I \leqslant C_{max} \\ CPIXEL, & C_I > C_{max} \end{cases} \tag{7-36}$$

式中：I 为滑动窗口内的灰度的均值； $CPIXEL$ 为滑动窗口内中心像元的灰度值； $Rf = \sum_{i=1}^{n} P_i M_i \Big/ \sum_{i=1}^{n} M_i$ ， P_i 为平滑窗口每个像元的灰度值， M_i 为平滑窗口每个像元对应的权重值， $M = \exp(-DAMP\,(C_l - C_u)/(C_{max} - C_l)\,T)$ ， T 为平滑窗口内中心像元到其邻像元的绝对距离， $DAMP$ 为指数衰减系数，默认值为 1.0；$C_i = \mathrm{sqrt}(V)/I$ ， V 代表滤波窗口内灰度的方差； $C_u = 1/\mathrm{sqrt}(NLOOK)$ ， $NLOOK$ 定义了雷达图像的视数，取值为 1； $C_{max} = \mathrm{sqrt}(1 + 2/NLOOK)$ 。

7.6 OpenCV 实现

增加一个按钮（Caption：中值滤波；ID：IDC_Smooth），并为其添加消息响应函数，实现中值滤波的功能，代码如下：

IplImage* dst=cvCreateImage(cvGetSize(m_ipl),IPL_DEPTH_8U,3);//用于存放处理后的图像

cvSmooth(m_ipl,dst,CV_MEDIAN,3,3);//中值滤波

cvNamedWindow("滤波后图像");

cvShowImage("滤波后图像",dst);

cvWaitKey(0);

cvReleaseImage(&dst);

---

void cvSmooth(const CvArr* src, CvArr* dst, int smoothtype=CV_GAUSSIAN, int param1=3, int param2=0, double param3=0, double param4=0);

各种方法的图像平滑：

src：输入图像。

dst：输出图像。

smoothtype：平滑方法。

CV_BLUR_NO_SCALE (简单不带尺度变换的模糊)-对每个像素的 param1×param2 领域求和。如果邻域大小是变化的，可以事先利用函数 cvIntegral 计算积分图像。

CV_BLUR (simple blur)–对每个像素 param1×param2 邻域求和并做尺度变换 1/(param1×param2)。

CV_GAUSSIAN (gaussian blur)–对图像进行核大小为 param1×param2 的高斯卷积。

CV_MEDIAN (median blur)–对图像进行核大小为 param1×param1 的中值滤波 (如邻域是方的)。

CV_BILATERAL (双向滤波)–应用双向 3×3 滤波,彩色 sigma=param1,空间 sigma=param2。关于双向滤波,可参考 http://www.dai.ed.ac.uk/CVonline/LO-CAL_COPIES/MANDUCHI1/Bilateral_Filtering.html。

param1:平滑操作的第一个参数。

param2:平滑操作的第二个参数。对于简单/非尺度变换的高斯模糊的情况,如果 param2 的值为零,则表示其被设定为 param1。

param3:对应高斯参数的 Gaussian sigma (标准差)。如果为零,则标准差由下面的核尺寸计算:

sigma = (n/2-1)×0.3+0.8,其中 n=param1 对应水平核,n=param2 对应垂直核。

对小的卷积核 (3×3 to 7×7) 使用如上公式所示的标准 sigma 速度会快。如果 param3 不为零,而 param1 和 param2 为零,则核大小有 sigma 计算 (以保证足够精确的操作)。

函数 cvSmooth 可使用上面任何一种方法平滑图像。每一种方法都有自己的特点以及局限。

没有缩放的图像平滑仅支持单通道图像,并且支持8bit到16bit的转换(与cvSobel和cvaplace相似)和32bit浮点数到32bit浮点数的变换格式。

简单模糊和高斯模糊支持 1-通道或 3-通道,8bit 和 32bit 浮点图像。这两种方法可以 in-place 方式处理图像。

中值和双向滤波工作于 1-通道 或 3-通道,8bit 图像,但是不能以 in-place 方式处理图像。

运行结果如图 7-8 所示。

图7-8 中值滤波处理结果

第8章 图像锐化

8.1 图像锐化的目的和意义

在数字图像处理中，图像经转换或传输后，质量可能下降，难免有些模糊。另外，图像平滑在降低噪声的同时也造成目标的轮廓不清晰和线条不鲜明，使目标的图像特征提取、识别、跟踪等难以进行，这一点可以利用图像锐化来增强。图像锐化是数字图像处理的基本方法之一，是为了增强图像中物体的边缘及灰度跳变部分，使图像的边缘变得更加鲜明，更加利于人眼观察和计算机提取目标物体的边界，主要体现在以下三个方面：

（1）是否能分辨出图像线条间的区别，即图像层次对景物质点的分辨或细微层次质感的精细程度。其分辨率越高，图像表现得越细致，清晰度越高。

（2）衡量线条边缘轮廓是否清晰，即图像层次轮廓边界的虚实程度，用锐度表示。其实质是指层次边界密度的变化宽度。变化宽度小，则边界清晰；反之，变化宽度大，则边界发虚。

（3）指图像明暗层次间，尤其是细小层次间的明暗对比或细微反差是否清晰。获得清晰的分色片是彩色制版的主要目标，分色片的清晰度基本上决定了复制图像的质量。可以认为，如果一幅图像的清晰度（细节层次）得以充分再现，则输出的分色片质量高，图像的复制质量也高；反之，如果分色片质量低，不管最后印刷技术和设备如何，其最终印刷出的图像的质量是绝不会理想的。

图像锐化的目的有两个：一是增强图像中物体的边缘，使图像的颜色变得鲜明，改善图像的质量，生成更适合人眼观察和识别的图像；二是经过锐化处理，使目标物体的边缘更加鲜明，便于对其提取和分割，更好地进行目标分析和识别。

常用的图像锐化方法主要分为两类：一是微分法，包括一阶微分和二阶微分；二是高通滤波法。本章主要介绍常用的微分锐化方法：一阶微分法和二阶微分法。

8.2 一阶微分法

前面讲到，可以使用邻域平均法对图像滤波，达到平滑图像的目的。反之，可以利用对应的微分方法对图像进行锐化。微分运算是求信号的变化率，有加强信号高频分量的作用，使得图像轮廓更加清晰。

在数字图像处理中，一阶微分是用梯度来实现的。一幅图像可以用函数 $f(x,y)$ 来表示，则 f 在坐标 (x,y) 处的梯度可以定义为一个二维列矢量：

$$\boldsymbol{g}(f) = \begin{bmatrix} g_x \\ g_y \end{bmatrix} = \begin{bmatrix} \dfrac{\partial f}{\partial x} \\ \dfrac{\partial f}{\partial y} \end{bmatrix} \tag{8-1}$$

该矢量指出了在坐标 (x,y) 处 f 的最大变化率的方向，其中，$\dfrac{\partial f}{\partial x}$ 表示 $f(x,y)$ 在 x 方向的灰度变换率，$\dfrac{\partial f}{\partial y}$ 表示 $f(x,y)$ 在 y 方向的灰度变换率。$\boldsymbol{g}(f)$ 的幅度可计算如下：

$$g(f) = \sqrt{\left(\dfrac{\partial f}{\partial x}\right)^2 + \left(\dfrac{\partial f}{\partial y}\right)^2} \tag{8-2}$$

由式（8-2）可知，梯度的幅度就是 $f(x,y)$ 在其最大变化率方向上的单位距离所增加的量。由于数字图像无法采用微分运算，因此一般采用差分运算来近似。式（8-2）按差分运算后的表达式为

$$g(f) = \sqrt{[f(x,y) - f(x+1,y)]^2 + [f(x,y) - f(x,y+1)]^2} \tag{8-3}$$

为了降低计算复杂度，提高运算速度，式（8-3）可采用绝对差算法近似为

$$g(f) = |f(x,y) - f(x+1,y)| + |f(x,y) - f(x,y+1)| \qquad (8-4)$$

这种梯度法称为水平垂直差分法。考虑到图像边缘的拓扑结构性，根据上述原理，派生出许多相关的方法，如交叉微分法、Prewitt锐化法、Sobel锐化法等。

8.2.1 交叉微分法

在差分算子中，罗伯特（Robert）梯度算子是一种常用的梯度差分法，可以表示为

$$g(f) = |f(x,y) - f(x+1,y+1)| + |f(x+1,y) - f(x,y+1)| \qquad (8-5)$$

图8-1为罗伯特算子的运算关系图。罗伯特算子实际上是一种交叉差分运算。在使用罗伯特算子进行锐化时，图像的最后一行和最后一列是无法计算的，此时，可以采用将前一行或前一列的梯度值近似代替的方式。

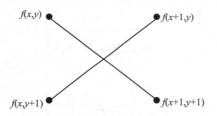

图8-1 罗伯特算子运算图

图8-2显示了采用罗伯特算子对图像锐化的效果图。图像锐化后，仅留下灰度值变化较大的物体边缘点。

（a）原图像　　　　　　　　　　　　　（b）锐化图像

图8-2 罗伯特算子图像锐化效果图

8.2.2 Prewitt 锐化法

采用像素平均灰度值代替目标像素的灰度值，能够减少甚至消除噪声，Prewitt 梯度算子就是利用这个原理，采用先求平均，再求差分的方法来求梯度。Prewitt 算子是一种一阶微分算子，利用目标像素点上、下、左、右邻近像素点的灰度差在边缘处达到极值的特点进行边缘检测，再对边缘进行处理，从而达到图像锐化的目的。其原理就是在图像空间利用两个方向的模板与图像进行卷积运算。这两个方向的模板一个用于检测水平边缘，一个用于检测垂直边缘。

Priwitt 算子的水平和垂直梯度模板分别为

$$d_x = \begin{bmatrix} -1 & 0 & 1 \\ -1 & 0 & 1 \\ -1 & 0 & 1 \end{bmatrix}, \quad d_y = \begin{bmatrix} -1 & -1 & -1 \\ 0 & 0 & 0 \\ 1 & 1 & 1 \end{bmatrix} \tag{8-6}$$

假设以 G 表示原始图像，G_x 和 G_y 分别表示经过横向和纵向边缘检测得到的图像灰度值，若一幅图像为

P_1	P_2	P_3
P_4	P_5	P_6
P_7	P_8	P_9

则 G_x 和 G_y 可表示为

$$G_x = |(P_1 + P_2 + P_3) - (P_7 + P_8 + P_9)| \tag{8-7}$$

$$G_y = |(P_3 + P_6 + P_9) - (P_1 + P_4 + P_7)| \tag{8-8}$$

假设 $P(x,y)$ 表示图像中的边缘，则

$$P(x,y) = \max\{G_x, G_y\} \tag{8-9}$$

或

$$P(x,y) = G_x + G_y \tag{8-10}$$

Prewitt 算子认为，在图像中，凡是灰度值大于或等于某一阈值的像素点都是边缘像素点。即选择一个适当的阈值 T，当 $P(x,y) \geq T$ 时，则认为 (x,y) 处的像素点为边缘像素点。但这种判断完全依赖于阈值的选取，容易造成边缘的误判，因为许多噪声点的灰度值也很大。对于灰度值较小的边缘像素点，也容易丢失。

利用水平模板和垂直模板对图像中的每个点求卷积，可求得图像在水平方向和垂直方向的梯度，再通过梯度合成和边缘点判断，就可以得到Prewitt运算的结果。

图8-3显示了采用Prewitt算子对图像锐化的效果图。

（a）原图像

（b）锐化图像

图8-3 Prewitt算子图像锐化效果图

8.2.3 Sobel锐化法

Sobel算子是对当前行或当前列对应的像素灰度值加权后，再进行平均和差分，因此也称为加权平均差分。Sobel算子的水平和垂直模板分别为

$$S_x = \begin{bmatrix} -1 & 0 & 1 \\ -2 & 0 & 2 \\ -1 & 0 & 1 \end{bmatrix}, \quad S_y = \begin{bmatrix} 1 & 2 & 1 \\ 0 & 0 & 0 \\ -1 & -2 & -1 \end{bmatrix} \tag{8-11}$$

Sobel算子包含两组3×3的矩阵，分别为横向和纵向，将这两组矩阵与图像做平面卷积运算，即可分别得出横向和纵向的亮度差分近似值。假设以G表示原始图像，G_x和G_y分别表示经过横向和纵向边缘检测得到的图像灰度值，则G_x和G_y可表示为

$$G_x = \begin{bmatrix} -1 & 0 & 1 \\ -2 & 0 & 2 \\ -1 & 0 & 1 \end{bmatrix} \cdot G \tag{8-12}$$

$$G_y = \begin{bmatrix} 1 & 2 & 1 \\ 0 & 0 & 0 \\ -1 & -2 & -1 \end{bmatrix} \cdot G \tag{8-13}$$

图像中的每一个像素的横向和纵向灰度值通过一下公式结合，计算得到该像素点的灰度值。

$$G = \sqrt{G_x^2 + G_y^2} \tag{8-14}$$

通常，为了提高计算效率，将式（8-14）近似为

$$G = |G_x| + |G_y| \qquad (8\text{-}15)$$

若一幅图像为

P_1	P_2	P_3
P_4	P_5	P_6
P_7	P_8	P_9

则式（8-15）的计算结果为

$$G = |(P_1 + 2 \times P_2 + P_3) - (P_7 + 2 \times P_8 + P_9)| + |(P_3 + 2 \times P_6 + P_9) - (P_1 + 2 \times P_4 + P_7)| \qquad (8\text{-}16)$$

除了上述形式外，Sobel算子还有另外一种形式，即各向同性Sobel算子，其模板也有两个：一个用于检测水平边缘，一个用于检测垂直边缘。各向同性So-bel算子和普通的Sobel算子相比，它的位置加权系数更为准确，在检测不同方向的边缘时，梯度的幅度一致。将普通Sobel算子矩阵中的所有2改为 $\sqrt{2}$ ，就可以得到各向同性的Sobel矩阵。

Sobel算子和Prewitt算子一样，都能够在检测图像中物体边缘点的同时抑制噪声，检测出的边缘宽度至少为两个像素。由于Prewitt算子和Sobel算子都是先求平均后求差分，在求平均时会丢失图像中的一些细节信息，使物体边缘模糊。但由于Sobel算子的加权作用，会使图像中物体的边缘模糊程度要略低于Prewitt算子。

（a）原图像　　　　　　　　　　（b）锐化图像

图8-4　Sobel算子图像锐化效果图

图8-4显示了采用Sobel算子对图像锐化的效果图。经过锐化，图像中的边缘部分得到了明显增强。

8.3 二阶微分法

8.2节介绍的图像锐化方法都是利用线性一阶微分算子来实现，本节介绍一种常用的二阶微分算子，拉普拉斯算子。拉普拉斯算子是 n 维欧几里得空间中的一个二阶微分算子，与梯度法不同，拉普拉斯算子采用的是二阶偏导数，定义如下：

$$\nabla^2 f = \frac{\partial^2 f}{\partial x^2} + \frac{\partial^2 f}{\partial y^2} \tag{8-17}$$

拉普拉斯算子也是一个线性算子，对于数字图像，在某个像素点 (x,y) 处的拉普拉斯算子可采用差分形式来表示：

$$\frac{\partial^2 f}{\partial x^2} = f(x+1,y) + f(x-1,y) - 2f(x,y) \tag{8-18}$$

$$\frac{\partial^2 f}{\partial y^2} = f(x,y+1) + f(x,y-1) - 2f(x,y) \tag{8-19}$$

$$\nabla^2 f = f(x+1,y) + f(x-1,y) + f(x,y+1) + f(x,y-1) - 4f(x,y) \tag{8-20}$$

拉普拉斯算子存在很多变种，根据不同的需要可以选择不同的模板。其中比较常见的模板如图8-5所示。

0	1	0
1	-4	1
0	1	0

(a)拉普拉斯运算模板

1	1	1
1	-8	1
1	1	1

(b)拉普拉斯运算扩展模板

0	-1	0
-1	4	-1
0	-1	0

-1	-1	-1
-1	8	-1
-1	-1	-1

(c)其他两种拉普拉斯模板

图8-5 拉普拉斯算子常用模板

图 8-6 显示了采用拉普拉斯算子对图像锐化的效果图。经过锐化之后，图中人物的脸部轮廓和人物帽子的羽毛装饰部分都变得更加分明。

（a）原图像　　　　　　　　　　　　　　　（b）锐化图像

图 8-6　拉普拉斯算子图像锐化效果图

从一阶微分法和二阶微分法对图像锐化的效果图可以看出，两者的锐化效果有以下几点区别：

（1）一阶微分法通常会产生较宽的边缘，二阶微分法产生的边缘则较细。

（2）一阶微分法对图像中的灰度阶梯有较强的响应，而二阶微分法对图像中的细节有较强的响应，如图像中的细线和孤立点等。

（3）二阶微分法在图像中灰度值变化相似时，对线的响应强于对梯度的响应，对点的响应强于对线的响应。

在实际应用中，二阶微分法比一阶微分法效果要好，因为其形成细节的能力更强，而一阶微分法在提取图像中物体的边缘的方面应用较多。

8.4 OpenCV 实现

增加 2 个 Radio 控件（Caption：Sobel，Laplace；ID：IDC_RADIO4，IDC_RADIO5）、一个按钮（Caption：锐化；ID：IDC_Sharpen），并使用一个 Group 控件将上述控件按钮包括。

然后将第一个 Radio 控件（Caption：Sobel；ID：IDC_RADIO4）属性中的 Group 项改为 True，并为其添加一个 int 型的 Value 变量 m_ShapenType。运行结果如图 8-7 所示。

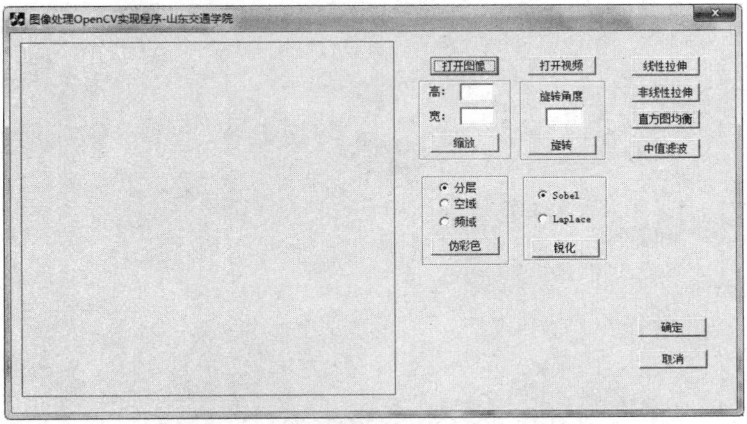

图8-7　增加图像锐化后运行界面

为锐化按钮添加消息响应函数，根据单选框的选择情况，使用Sobel算子或者拉普拉斯算子对图像进行锐化，代码如下：

```
IplImage *g_src,*dst;
g_src=cvCreateImage(cvGetSize(m_ipl),IPL_DEPTH_8U,1);
cvCvtColor(m_ipl,g_src,CV_RGB2GRAY);
dst=cvCreateImage(cvGetSize(g_src),IPL_DEPTH_8U,1);//存储锐化后的图像

UpdateData();//获取单选框的选择情况，更新m_SharpenType的值

switch (m_ShapenType)
    {
    case 0: //一阶微分法（Sobel算子）
        IplImage *dst_sobel;
        dst_sobel=cvCreateImage(cvGetSize(g_src),IPL_DEPTH_16S,1); //因
为以Sobel方式求完导数后会有负值，还有会大于255的值，所以Sobel建立的图像
要16bit有符号的，也就是 IPL_DEPTH_16S
        cvSobel(g_src,dst_sobel,1,0,3);
        cvConvertScaleAbs(dst_sobel,dst,1,0);// 图像显示是以8bit 无符号显
示的，现在是16bit有符号，所以还要将Sobel转为8bit无符号
```

```
                break;
        case 1: //二阶微分法（Laplace算子）
                float m[9];
                m[0]=0;
                m[1]=-1;
                m[2]=0;
                m[3]=-1;
                m[4]=4;
                m[5]=-1;
                m[6]=0;
                m[7]=-1;
                m[8]=0;
CvMat kernel = cvMat( 2, 3, CV_32F, m );//创建实现拉普拉斯算子的卷积核
                cvFilter2D(g_src,dst,&kernel,cvPoint(-1,-1));
                break;
        }
    cvNamedWindow("锐化后图像");
    cvShowImage("锐化后图像", dst);
cvWaitKey(0);
    cvReleaseImage(&g_src);
    cvReleaseImage(&dst);
```

1. 一阶微分法（Sobel算子）

void cvSobel(const CvArr* src, CvArr* dst, int xorder, int yorder, int aperture_size=3);//使用扩展 Sobel 算子计算一阶、二阶、三阶或混合图像差分

src：输入图像。

dst：输出图像。

Xorder：x 方向上的差分阶数。

yorder：y 方向上的差分阶数。

aperture_size：扩展 Sobel 核的大小，必须是 1、3、5 或 7。除了尺寸为 1，其它情况下，aperture_size ×aperture_size 可分离内核将用来计算差分。对 aperture_size=1 的情况，使用3×1

或 1×3 内核（不进行高斯平滑操作）。这里有一个特殊变量 CV_SCHARR (=-1)，对应 3×3 Scharr 滤波器，可以给出比 3×3 Sobel 滤波更精确的结果。Scharr 滤波器系数是：

$$\begin{bmatrix} -3 & 0 & 3 \\ -10 & 0 & 10 \\ -3 & 0 & 3 \end{bmatrix}$$

对 x-方向 以及转置矩阵对 y-方向。函数 cvSobel 通过对图像用相应的内核进行卷积操作来计算图像差分：

$$\mathrm{dst}(x,y) = \frac{\mathrm{d}^{xorder+yorder}}{\mathrm{d}x^{xorder}\mathrm{d}y^{yorder}} \mathrm{src}\bigg|(x,y)$$

由于 Sobel 算子结合了 Gaussian 平滑和微分，所以其结果或多或少对噪声有一定的鲁棒性。通常情况，函数调用采用如下参数 (xorder=1, yorder=0, aperture_size=3) 或 (xorder=0, yorder=1, aperture_size=3) 来计算一阶 x-或 y-方向的图像差分。第一种情况对应：

$$\begin{bmatrix} -1 & 0 & 1 \\ -2 & 0 & 2 \\ -1 & 0 & 1 \end{bmatrix}$$

第二种情况对应：

$$\begin{bmatrix} -1 & -2 & -1 \\ 0 & 0 & 0 \\ 1 & 2 & 1 \end{bmatrix}$$

或者

$$\begin{bmatrix} 1 & 2 & 1 \\ 0 & 0 & 0 \\ -1 & -2 & -1 \end{bmatrix}$$

核的选则依赖于图像原点的定义 (origin 来自 IplImage 结构的定义)。由于该函数不进行图像尺度变换，所以和输入图像(数组)相比，输出图像(数组)的元素通常具有更大的绝对数值（译者注：即像素的深度）。为防止溢出，当输入图像是 8 bit 的，要求输出图像是 16bit 的。当然可以用函数 cvConvertScale 或 cvConvertScaleAbs 转换为 8bit 的。除了 8bit 图像，函数也接受 32bit 浮点数图像。所有输入和输出图像都必须是单通道的，并且具有相同的图像尺寸或者 ROI 尺寸。

2.二阶微分法(拉普拉斯算子)

void cvFilter2D(constCvArr*src,CvArr*dst,constCvMat*kernel,)

CvPoint anchor=cv Point(-1,-1);

src：输入图像。

Dst：输出图像。

Kernel：卷积核，单通道浮点矩阵。如果想要应用不同的核于不同的通道，先用 cvSplit 函数分解图像到单个色彩通道上，然后单独处理。

Anchor：核的锚点表示一个被滤波的点在核内的位置。锚点应该处于核内部。默认值 (-1,-1) 表示锚点在核中心。

函数 cvFilter2D 对图像进行线性滤波，支持 In-place 操作。当核运算部分超出输入图像时，函数从最近邻的图像内部像素插值得到边界外面的像素值。

运行结果如下：

Sobel锐化处理结果如图8-8所示。

图8-8　Sobel锐化处理结果

拉普拉斯锐化处理结果如图8-9所示。

图8-9　Laplace锐化处理结果

第9章 图像分割

对图像进行处理的目的就是产生更适合人或计算机识别的图像，而其中关键的一步就是对包含大量而多样信息的图像进行分割。图像分割是按照一定的规则将一幅图像或者景物分成若干个子集的过程。相对于整幅图像来说，这种分割后的小区域更容易被人或者计算机快速识别和处理。图像分割作为图像分析、理解的基础，在诸多领域具有广泛的应用，如基于内容的图像检索、机器视觉、指纹识别以及生物医学图像处理方面的病变检测和识别、军事图像处理方面的地形匹配和目标制导等。

广义上讲，图像分割是把图像分成互不重叠而又各具特性的子区域，这里的特性可以是像素的灰度、颜色、纹理等。设集合 I 代表整个图像区域，图像分割问题就是决定子集 $R_k \subset I$，所有的子集并集为整幅图像。组成一个图像分割的子集 R_k 需满足以下条件：

（1）$I = \bigcup\limits_{k=1}^{K} R_k$；

（2）$R_k \bigcap R_j = \varnothing$，对于 $k \neq j$；

（3）在某种标准下，每个子集 R_k 的内部像素相似，而不同子集间的像素差异明显；

（4）每一个 R_k 是连通的。

狭义上讲，图像分割的目的是得到感兴趣区域及其边界，而非图像中所有组成区域。这种理解符合人类的视觉特性，在观察一幅图像时，并不是先找出整幅图像中所有区域，然后再找出感兴趣区域；相反，总是先大概定位自己感兴趣的区域，然后找出该区域的边界。

一般来说，图像分割常利用图像中目标内部的相似性以及目标与背景之间的差异来实现。因此，分割的关键是找出一定的特征，在这个特征下，目标内部是相似的；或者在这个特征下，目标和背景有很大的差异。按照所选特征，图像分割方法可以分为基于区域特征的方法、基于边界特征的方法和基于相关匹配的方法三类。其中，基于区域特征的方法所依据的是灰度、颜色、纹理等某些一定空间范围内的图像局部特征，在这些特征下目标和背景区域内部具有一定程度的相似性；基于边界的方法认为不同区域之间往往在灰度上存在着较快的过渡和跃变，因而会有一条或者多条分界线存在，如果能够找到这个边界，也可以实现分割；基于匹配的方法则根据已知目标的特征建立相应的模板将特殊目标分离出来。在实际应用过程中，这些技术并不是彼此独立的，允许交叉和结合。

由于图像内容的多样性以及模糊、噪声等的干扰，图像分割具有一定的难度。至今为止没有普适性分割方法和通用的分割效果评价标准，分割的好坏必须结合具体应用来评判。总体而言，一个好的图像分割算法应该尽可能具备以下特征：

（1）有效性：对各种分割问题有效的准则，能将感兴趣的区域或目标分割出来。

（2）整体性：即能得到感兴趣区域的封闭边界，该边界无断点和离散点。

（3）精确性：得到的边界与实际期望的区域边界很贴近。

（4）稳定性：分割结果受噪声影响很小。

在不同的应用场合下，应根据实际需求及图像特点选择适当的分割方法。

9.1 基于边缘检测的图像分割

边缘检测是基于边界的一类图像分类方法，其基本思想就是通过寻找图像中不同的区域边界，从而达到图像分割的目的。

边缘是指周围像素灰度有跳跃变化的那些像素的集合，如物体与背景之间、物体与物体之间。边缘是图像分割依赖的重要特征。图像的边缘对人的视觉具有重要的意义，一般而言，当人们看一个有边缘的物体时，首先感觉到的便是边缘。边缘是一个区域的结束，也是另一个区域的开始，利用该特征可以分割图像。需要指出的是，检测出的边缘并不等同于实际目标的真实边缘。

由于图像数据是二维的,而实际物体是三维的,从三维到二维的投影必然会造成信息的丢失,再加上成像过程中的光照不均和噪声等因素的影响,使得有边缘的地方不一定都能被检测出来,而检测出的边缘也不一定代表实际边缘。图像的边缘有方向和幅度两个属性,沿边缘方向像素变化平缓,垂直于边缘方向像素变化剧烈。边缘上的这种变化可以用微分算子检测出来,通常用一阶或两阶导数来检测边缘。

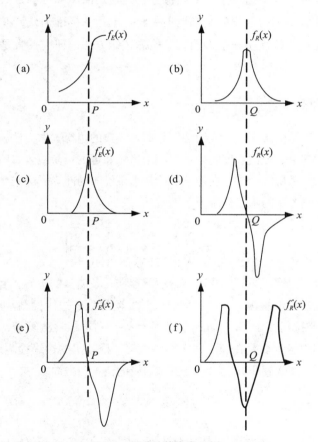

图9-1 两种边缘求导示例

边缘大致可以分为两种:一种是阶跃状的;另一种为屋顶状的。阶跃状边缘两边像素的灰度值明显不同,屋顶状边缘处于灰度值由小到大再到小的变化转折点处。图9-1给出了阶跃边缘和屋顶边缘的一维函数 $f_E(x)$ 和 $f_R(x)$(图(a)、图

(b))以及相应的一阶导数(图(c)、图(d))和二阶导数(图(e)、图(f))。可以看出，对于阶跃边缘点 P ，灰度曲线的一阶导数在该点为极值点，二阶导数在该点为零；对于屋顶状边缘点 Q ，灰度曲线的一阶导数在该点为零，二阶导数在 Q 点达到极值。

图像边缘在人和计算机进行图像识别中都十分重要，是图形识别中一个重要的属性，而通过检测边缘来进行图像分割是常用的图像分割方法之一。实际图像往往是较复杂的，灰度的变化也不一定是上述的标准形式，并且常常混有噪声，这些给边缘检测带来很多困难。检测边缘方法的研究一直是深受重视的一个领域。

9.1.1 基本原理

物体的边缘是由灰度的不连续性引起的。经典的边缘提取方法就是比较图像的每个像素的某个邻域内灰度的变化，利用边缘邻近的一阶或者二阶导数变化规律，用简单的方法检测边缘，这种方法称为边缘检测局部算子法。

例如，一幅图像的灰度分布为

$$\begin{bmatrix} 255 & 254 & 253 & 255 & 2 & 2 & 0 & 1 \\ 253 & 252 & 255 & 255 & 2 & 1 & 1 & 0 \\ 254 & 253 & 252 & 255 & 1 & 0 & 2 & 3 \\ 255 & 254 & 255 & 255 & 2 & 1 & 0 & 1 \end{bmatrix} \tag{9-1}$$

可以看出，图像左边亮，右边暗，中间存在一条明显的边界。利用检测算子可以方便地实现边缘检测。基于一阶导数和二阶导数的边缘检测常用算子有 Sober 算子、拉普拉斯算子等。Canny 算子是另外一类边缘检测算子，它不是通过微分算子检测边缘，而是在满足一定约束条件下推导出的边缘检测最优化算子。利用这些算子与图像卷积，可以找出图像边缘的位置和方向。

9.1.2 Sober 算子

Sober 算子在边缘检测中应用十分广泛，它是对数字图像 $f(x,y)$ 的每一个像素，考察其相邻点像素灰度的加权差，即

$$\begin{aligned} S(x,y) = &\left| \left[f(x-1,y-1) + 2f(x-1,y) + f(x-1,y+1) \right] - \right. \\ &\left. \left[f(x+1,y-1) + 2f(x+1,y) + f(x+1,y+1) \right] \right| + \\ &\left| \left[f(x-1,y-1) + 2f(x,y-1) + f(x+1,y-1) \right] - \right. \\ &\left. \left[f(x-1,y+1) + 2f(x,y+1) + f(x+1,y+1) \right] \right| \end{aligned} \tag{9-2}$$

常用的 Sobel 算子有两个：一个是检测水平边缘的 $\begin{bmatrix} -1 & -2 & -1 \\ 0 & 0 & 0 \\ 1 & 2 & 1 \end{bmatrix}$；另外一个

是检测垂直边缘的 $\begin{bmatrix} -1 & 0 & 1 \\ -2 & 0 & 2 \\ -1 & 0 & 1 \end{bmatrix}$。

关于 Sobel 算子的应用，以上面的图像灰度分布式（9-1）为例来分析边缘检测的过程：

首先来看垂直检测边缘的过程，Sobel 算子 $\begin{bmatrix} -1 & 0 & 1 \\ -2 & 0 & 2 \\ -1 & 0 & 1 \end{bmatrix}$ 中心（最中间那个 0）

沿着图像从一个像素垂直移到另一个像素，在每一个位置上，把处在算子内图像的每一个点的值乘以算子上对应的数字，然后把结果相加，得到如下数据：

$$\begin{bmatrix} m & m & m & m & m & m & m & m \\ m & 0 & 9 & 1008 & 1016 & -3 & 0 & m \\ m & -2 & 8 & 1008 & 1018 & -1 & 5 & m \\ m & m & m & m & m & m & m & m \end{bmatrix}$$

其中，m 表示由于计算该点的值需要其左右（上下）边的点的灰度值，而现有数据无法实现，因此暂时用 m 表示。

从结果可以看出纵向有两列数据（4,5 列）值比其他列高出很多，表明有一条纵向的边界。人眼观察时就是能发现一条很明显的亮边，其他区域都很暗，这样起到了边缘检测的作用。这个结果和人眼观察图像灰度值矩阵时得出的结论（左边亮，右边暗，中间存在一条明显的边界）一致。

同样的方法可以得到水平算子处理后的数据：

$$\begin{bmatrix} m & m & m & m & m & m & m & m \\ m & -4 & -3 & -2 & -4 & -3 & 4 & m \\ m & 6 & 2 & 0 & 0 & 1 & -1 & m \\ m & m & m & m & m & m & m & m \end{bmatrix}$$

可见得到的数据比较均匀，大小相差不多，所以可以判断水平方向上没有明显的边缘和界限。

Sobel 算子另外一种形式是各向同性 Sobel 算子，也是水平、垂直检测各一

个，分别是 $\begin{bmatrix} -1 & -\sqrt{2} & -1 \\ 0 & 0 & 0 \\ 1 & \sqrt{2} & 1 \end{bmatrix}$ 和 $\begin{bmatrix} -1 & 0 & 1 \\ -\sqrt{2} & 0 & \sqrt{2} \\ -1 & 0 & 1 \end{bmatrix}$。

9.1.3 拉普拉斯算子

由图9-1可以看出，阶跃边缘的二阶导数在边缘处出现零点，边缘点两边的二阶导数异号。即出现零交叉的情况，因此，可以利用对图像的各个像素求二阶导数 $\dfrac{\partial^2 f(x,y)}{\partial x^2}$ 和 $\dfrac{\partial^2 f(x,y)}{\partial y^2}$ 之和的方法寻找边界，即

$$\nabla^2 f(x,y) = \frac{\partial^2 f(x,y)}{\partial x^2} + \frac{\partial^2 f(x,y)}{\partial y^2} \tag{9-3}$$

对于数字图像，可以用差分近似微分，即可对图像的每个像素取 x 方向和 y 方向的二阶差分值和来近似式（9-3），因此有

$$\begin{aligned}
\nabla^2 f(x,y) &= \big|[f(x+1,y)-f(x,y)]-[f(x,y)-f(x-1,y)]\big| + \\
&\quad \big|[f(x,y+1)-f(x,y)]-[f(x,y)-f(x,y-1)]\big| \\
&= f(x+1,y)+f(x-1,y)+f(x,y+1)+f(x,y-1)-4f(x,y)
\end{aligned} \tag{9-4}$$

这就是拉普拉斯算子，它是一个与边缘方向无关的边缘点检测算子。由于在实际检测中一般只关心边缘点的位置而不关心其周围的灰度差值，因此这种与方向无关的边缘检测算子对检出边缘点是合适的。如果 $\dfrac{\nabla^2 f(x,y)}{\partial x^2}$ 在 (x,y) 点出现零交叉，则该点为阶跃边缘点。

拉普拉斯算子相当于一个图9-2所示的滤波器。

0	1	0
1	-4	1
0	1	0

图9-2　拉普拉斯算子

拉普拉斯算子对孤立像素的响应要比对边缘或线的响应更强烈，比如对图9-3(a)所示的边缘、线和孤立点，拉普拉斯算子的绝对值如图9-3(b)所示。可见，对孤立点的作用最强，其次为对线的作用。因此在拉普拉斯算子作边缘检测之前，如果能先对图像作平滑处理、效果更好。

边缘	线	孤立点	边缘	线	孤立点
0 0 1 1	0 1 0	0 0 0	0 1 1 0	1 2 1	1 1 1
0 0 1 1	0 1 0	0 1 0	0 1 1 0	1 2 1	1 4 1
0 0 1 1	0 1 0	0 0 0	0 1 1 0	1 2 1	1 1 1
0 0 1 1	0 1 0		0 1 1 0	1 2 1	

(a) 灰度变化   (b) $\left|\nabla^2 f(x,y)\right|$

图9-3 $\left|\nabla^2 f(x,y)\right|$ 对边缘、线和孤立点的作用

9.1.4 Canny算子

前面介绍的Sobel算子和拉普拉斯算子都是局域窗口梯度算子，由于它们对噪声敏感，所以在处理实际图像时效果并不是十分理想。根据边缘检测的有效性和定位的可靠性，Canny研究了最优边缘检测器所需的特性，给出了评价边缘检测性能优劣的三个指标：

（1）高准确性，在检测的结果里应尽量多地包含真正的边缘，尽量少地包含假边缘。

（2）高精确度，检测到的边缘应该在真正的边界上。

（3）单像素宽，要有很高的选择性，对每个边缘有唯一的响应。

针对以上三个指标，Canny提出了用于边缘检测的一阶微分滤波器 $h'(x)$ 的三个最优化准则，即最大信噪比准则、最优过零点定位准则和单边缘响应准则。

（1）信噪比准则：

$$SNR = \frac{\left|\int_{-w}^{w} G(-x)h(x)\mathrm{d}x\right|}{\sigma\sqrt{\int_{-w}^{w} h^2(x)\mathrm{d}x}} \tag{9-5}$$

式中：$G(x)$ 为边缘函数；$h(x)$ 表示带宽为 w 的低通滤波器的脉冲响应；σ 是高斯噪声的均方差。

（2）定位准确准则。L 为边缘的定位精度，定义如下：

$$L = \frac{\left|\int_{-w}^{w} G'(-x)h'(x)\mathrm{d}x\right|}{\sigma\sqrt{\int_{-w}^{w} h'^2(x)\mathrm{d}x}} \tag{9-6}$$

式中：$G'(x)$ 和 $h'(x)$ 为 $G(x)$ 和 $h(x)$ 的一阶导数；L 是对边缘定位精确程度的度量，L 越大，精度越高。

（3）单边缘响应准则。要保证对单边缘只有一个响应，检测算子的脉冲响应导数的零交叉点平均距离应该满足：

$$D_{zca} = \pi \sqrt{\frac{\int_{\infty}^{\infty} h'^2(x)\mathrm{d}x}{\int_{-w}^{w} h''(x)\mathrm{d}x}} \tag{9-7}$$

式中：$h''(x)$ 是 $h(x)$ 的二阶导数。

上述三个准则是对边缘检测指标的一个定量描述。抑制噪声和边缘精确定位是无法同时得到满足的，即边缘检测算法通过图像平滑算子去除噪声，势必增加边缘定位的不确定性；反之，若提高边缘检测算子对边缘的敏感性，同时也会提高对噪声的敏感性。因此，在实际应用中，只能寄希望于在抑制噪声和提高边缘定位精度之间实现一个合理的折中。

值得庆幸的是，有一个线性算子可以在抵抗噪声与边缘检测之间获得一个最佳的折中，这个算子就是高斯函数的一阶导数。高斯函数与原图的卷积达到了抵抗噪声的作用，而求导数则是检测景物边缘的手段。对于阶跃型的边缘，Canny 推导出的最优边缘检测器的形状与高斯函数的一阶导数类似，因此 Canny 边缘检测器就是高斯函数的一阶导数构成。由于高斯函数是对称的，因此 Canny 算子在边缘方向上是对称的，在垂直于边缘的方向上是反对称的。这就意味着该算子对最急剧变化方向上的边缘特别敏感，但在沿边缘方向上是不敏感的。

设二维高斯函数为

$$G(x,y) = \frac{1}{2\pi\sigma^2} \exp(-\frac{x^2 + y^2}{2\sigma^2}) \tag{9-8}$$

式中：σ 是高斯函数的分布参数，可用来控制对图像的平滑程度。

最优阶跃边缘检测算子是以卷积 $\nabla G * f(x,y)$ 为基础的，边缘强度为 $|\nabla G * f(x,y)|$，而边缘方向为 $\rho = \dfrac{\nabla G * f(x,y)}{|\nabla G * f(x,y)|}$。

从高斯函数的定义可知，该函数是无限拖尾的，在实际应用中，一般情况下是将原始模板截断到有限尺寸 N。实验表明，当 $N = b\sqrt{2}\sigma + 1$ 时，能够获得较好的边缘检测结果。

Canny算子的具体实现如下：

利用高斯函数的可分性，将 ∇G 的两个滤波卷积模板分解为两个一维的行列滤波器：

$$\frac{\partial G(x,y)}{\partial x} = kx\exp(-\frac{x^2}{2\sigma^2})\exp(-\frac{y^2}{2\sigma^2}) = h_1(x)h_2(y) \tag{9-9}$$

$$\frac{\partial G(x,y)}{\partial y} = ky\exp(-\frac{y^2}{2\sigma^2})\exp(-\frac{x^2}{2\sigma^2}) = h_1(y)h_2(x)$$

其中

$$h_1(x) = \sqrt{k}\,x\exp(-\frac{x^2}{2\sigma^2}), h_1(y) = \sqrt{k}\,y\exp(-\frac{y^2}{2\sigma^2}) \tag{9-10a}$$

$$h_2(x) = \sqrt{k}\exp(-\frac{x^2}{2\sigma^2}), h_2(y) = \sqrt{k}\exp(-\frac{y^2}{2\sigma^2}) \tag{9-10b}$$

可见， $h_1(x) = xh_2(x), h_1(y) = yh_2(y)$ ，为常数。

然后，将这两个模板分别与 $f(x,y)$ 做卷积，得

$$E_x = \frac{\partial G(x,y)}{\partial x}*f, E_y = \frac{\partial G(x,y)}{\partial y}*f \tag{9-11}$$

令 $A(i,j) = \sqrt{E_x^2 + E_y^2}, a(i,j) = \arctan\frac{E_y(i,j)}{E_x(i,j)}$ ，则 $A(i,j)$ 反映边缘强度， $a(i,j)$ 为垂直于边缘的方向。

根据Canny的定义，中心边缘点为算子 G_n 与图像 $f(x,y)$ 的卷积在边缘梯度方向上的区域中的最大值。这样，就可以在每一点的梯度方向上判断此点强度是否为其领域的最大值，来确定该点是否为边缘点。当一个像素满足以下三个条件时，则被认为是图像的边缘点。

（1）该点的边缘强度大于沿该点梯度方向的两个相邻像素点的边缘强度。

（2）与该点梯度方向上相邻两点方向差小于45°。

（3）以该点为中心的3×3邻域中的边缘强度极大值小于某个阈值。

9.1.5 Kirsch算子

Kirsch算子是由 $K_0\sim K_7$ 共8个方向的掩膜组成，如图9-4所示。将 $K_0\sim K_7$ 的掩膜算子分别与图像中的3×3区域相乘，选择最大的一个，将该最大值作为中央像素的边缘强度，可以用下式表示 (x,y) 像点的强度：

$$g(x,y) = \max_8\{g_0, g_1, g_2, ..., g_7\} \tag{9-12}$$

其中

$$g_i(x,y) = \sum_{k=-1}^{1}\sum_{l=-1}^{1} K_i(k,l)f(x+k,y+l) \qquad (9\text{-}13)$$

若 $g_i(x,y)$ 最大，说明中央像素 (x,y) 处有 i 方向的边缘通过，边缘方向如图 9-5 所示，即 K_0 为 $0°$、K_1 为 $45°$、K_2 为 $90°$ 等，可以求出相隔 $45°$ 的方向。

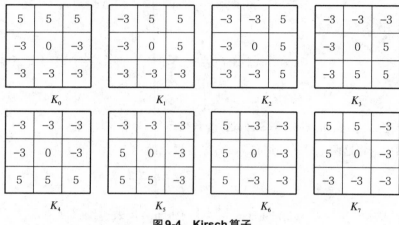

图 9-4　Kirsch算子

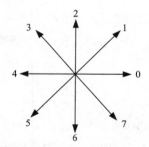

图 9-5　边缘方向码与边缘方向

9.2　基于阈值的图像分割

图像的阈值分割是一种广泛应用的图像分割技术，它主要利用了目标和背景在灰度上的差异，把图像看做具有不同灰度级的目标和背景两个区域的组合。通过比较图像中每个像素值和阈值的关系来判断该像素点属于目标还是背景，从而产生二值图像。阈值分割可以大量压缩数据，减少存储容量，大大简化其后的分析和处理过程。由于阈值分割是通过设置灰度阈值以区分目标和背景区域，所以可以看做是一种基于区域特征的分割方法。

9.2.1 基本原理

具体来说，阈值分割就是首先确定一个灰度阈值来区分物体和背景，在阈值之内的像素属于目标，其他的属于背景；或者反过来，阈值内属于背景，其余像素属于目标。这种分割方法对于目标和背景有明显差别的图像特别有效。

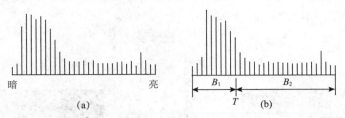

图9-6　图像直方图示例

假设一幅图像的直方图如图9-6所示。由图9-6（a）可以看出图像 $f(x,y)$ 的大部分像素值较低，其余像素比较均匀地分布在其他灰度级上，由此可以推断这幅图像是由有灰度级的物体叠加在一个暗背景上形成的。可以设置一个阈值 T，把直方图分成两部分，如图9-6（b）所示。T 的选择本着这样一个原则：B_1 应尽可能包含与背景相关联的灰度级，而 B_2 则尽量包含物体（目标）的所有灰度级。当扫描这幅图像时，从 B_1 到 B_2 之间的灰度变化标示着边界的存在。为了找出水平和垂直方向上的边界，要分别进行两次扫描。

这样可以得到一幅分割后的二值图像 $g(x,y)$：

$$g(x,y)=\begin{cases}1, & f(x,y)\geqslant T \\ 0, & f(x,y)<T\end{cases} \tag{9-14}$$

式中：$f(x,y)$ 为图像在点 x、y 像素的灰度值。

所以，基于阈值的图像分割步骤是，首先确定一个 T，然后执行以下步骤：

第一步，对 $f(x,y)$ 的每行进行检测，产生的图像 $f_1(x,y)$ 的灰度通过下式计算得到：

$$f_1(x,y)=\begin{cases}L_E, & f(x,y)和f(x,y-1)处在不同的灰度带上 \\ L_B, & 其他\end{cases}$$

式中：L_E 是指定的边缘灰度级；L_B 是背景灰度级。

第二步，对 $f(x,y)$ 的每列进行检测，产生的图像 $f_2(x,y)$ 的灰度通过下式计算得到：

$$f_2(x,y) = \begin{cases} L_E, & f(x,y)\text{和}f(x-1,y)\text{处在不同的灰度带上} \\ L_B, & \text{其他} \end{cases}$$

第三步，为了得到边缘图像，采用如下方法获得 $f(x,y)$：

$$f(x,y) = \begin{cases} L_E, & f_1(x,y)\text{或}f_2(x,y)\text{中的任何一个等于}L_E \\ L_B, & \text{其他} \end{cases}$$

这种方法是以某像素到下一个像素间灰度变化为基础的，这种方法可以推广到多灰度级阈值方法中。由于确定了更多的灰度级阈值，可以提高边缘抽取的能力，其关键技术就是如何选择阈值。

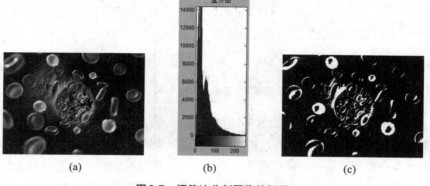

图9-7　阈值法分割图像的例子

图9-7为阈值法分割图像的例子。图9-7（a）为一幅雪球细胞图像，图9-7(b)为其直方图，利用直方图特性，用两个阈值将图像分割为细胞核、细胞质和背景三类，结果如图9-7(c)所示。

实际上图像很少有这么理想的情况，很多图像直方图的分界不是很明显，即像素的灰度级分布有交叉重叠，这样分割出的区域图与正确划分之间可能存在误差，所以阈值的选取是阈值分割技术的关键。在确定阈值时，如果阈值过高，则过多的目标点被误认为是背景；如果选取的阈值过低，则会出现相反的情况。下面介绍几种常见的阈值选取方法。

9.2.2 固定阈值法

如果在分割前已经对图像中的目标和背景灰度级有确切的了解，那么阈值就可以直接确定。也可以采取尝试的方法，试验不同的阈值，直到分割效果达到要

求为止。这是最简单的确定阈值的方法，在实际工程中经常使用。

9.2.3 最小误差法

最小误差法是指选择使图像中目标和背景分割错误最小的阈值为最佳阈值。

例如，一幅图像中包含目标和背景，已知其灰度分布概率分别为 P_1 和 P_2，则应该选择使判断的总错误率最小的阈值为最佳阈值 Z，如图9-8所示。可以看出基于最小误差法得到的阈值是最理想的阈值，但是实际工程中根据最小误差法确定阈值相对来说比较困难。

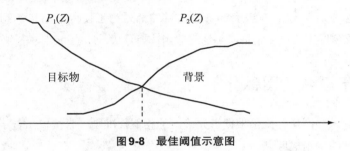

图9-8　最佳阈值示意图

9.2.4 自适应阈值选取法

在实际应用中，有些图像照明突变或者背景灰度变化比较大时，整幅图像很难有合适的单一阈值。这时就需要根据区域坐标分块，分别对每一个区域单独选择阈值进行分割，这种根据图像不同区域情况不同选取不同阈值的方法称为自适应阈值方法。可以看出这种算法计算量大，但是抗噪声能力更强。在复杂的背景图像中经常采用这种方法。

自适应阈值算法的基本原理是对图像中的每个像素，都选取以它为中心的一个邻域窗口，对这个窗口的像素灰度按照一定的准则选取阈值，以此来判断该像素属于目标还是背景。如图9-9所示，要判断像素 I 属于目标还是背景，以像素 I 为中心选取8邻域窗口，计算这个窗口内的9个像素灰度的均值为阈值，进而判断像素 I 属于背景还是目标。当然阈值选择也可以采取前面介绍的固定阈值法、最小误差法来确定阈值。

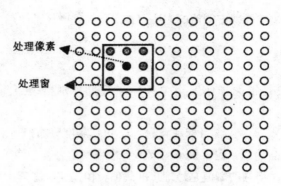

图9-9　自适应阈值选取示意图

无论采取什么样的方法确定阈值，目的都是为了使分割结果达到预期的结果。所以在实际工程中要根据实际情况适当选择算法，才能得到良好的分割效果。

9.3　基于区域的图像分割

基于区域的图像分割是根据事先确定的相似性准则，直接取出若干特征相近或者相同的像素组成区域。

常用的区域分割方法有区域生长法、分裂—合并法等。下面分别介绍其基本原理。

9.3.1　区域生长法

区域生长法是根据同一物体区域内像素的相似性质来聚集像素点的方法，从初始区域（如小邻域甚至于每个像素）开始，将相邻的具有同样性质的像素或其他区域归并到目前的区域中，从而逐步增长区域，直至没有可以归并的像素点或其他小区域为止。区域内像素的相似性度量可以包括平均灰度值、纹理、颜色等信息。区域生长的好坏取决于：①初始点（种子点）的选取；②生长准则；③终止条件。区域生长是从某个或者某些像素点出发，最后得到整个区域，进而实现目标的提取。

区域生长法是一种比较普遍的方法，在没有先验知识可以利用时，可以取得最佳的性能，可以用来分割比较复杂的图像，如自然景物。但是，区域增长方法是一种迭代的方法，空间和时间开销都比较大。

区域生长法的基本思想是将具有相似性质的像素集合起来构成区域。其中相似准则可以是灰度级、组织、色彩或者其他特性，相似性的测度可以由阈值法来判定。

区域生成过程如下：

第一步，先对需要分割的区域找一个种子像素作为生长的起点。

第二步，将种子周围邻域中与种子具有相同或者相似性质的像素合并到种子像素所在的区域中。

第三步，以新加入的像素点为起点返回第二步。直到没有可接受的邻近点时生成过程结束。

图9-10给出一个区域生长的例子，其中括号内的数字表示像素点的灰度级，括号外的数字为像素的编号。相似准则采取邻近点的灰度级与区域内的平均灰度级的差小于2。区域生长的过程为：首先以7号像素为起始点，则区域内灰度级均值为9，如图9-10(a)所示；然后根据相似度准则计算7号像素点邻域点3、6、8、11号点是否和灰度均值（9）差小于2，结果3、6、11号像素点加入7号点所在区域，如图9-10（b）所示，重新计算区域均值为8.25，然后根据相似度准则计算区域的邻域点2、4、5、8、9、10、12号点是否和灰度均值（8.25）差小于2，结果8号像素点加入7号点所在区域，如图9-10（c）所示；此时计算区域灰度均值为8，遍历区域的邻域没有可进区域的点，区域生长结束。

1(5)	2(5)	3(8)	4(6)
5(4)	6(8)	7(9)	8(7)
9(2)	10(2)	11(8)	12(3)
13(2)	14(2)	15(2)	16(2)

(a)

1(5)	2(5)	3(8)	4(6)
5(4)	6(8)	7(9)	8(7)
9(2)	10(2)	11(8)	12(3)
13(2)	14(2)	15(2)	16(2)

(b)

1(5)	2(5)	3(8)	4(6)
5(4)	6(8)	7(9)	8(7)
9(2)	10(2)	11(8)	12(3)
13(2)	14(2)	15(2)	16(2)

(c)

图9-10　区域生长示例

在实际应用过程中，不一定以灰度级或者对比度为基础，也可以结构等为接收准则。

9.3.2 分裂—合并法

和区域生长法的逐渐区域增大不同，分裂—合并法是将整幅图像不断分裂得到各个区域，再根据判定规则合并。当事先完全不了解区域形状和区域数目时，可采用分裂合并法。它是基于四叉树思想，把原图像作为树根或零层，把一幅图像 R 分成不重叠的4块，即 R_1，R_2，R_3，R_4，这四个区域作为分裂的第一

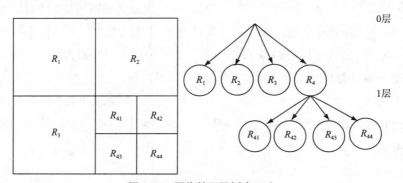

图9-11　图像的四叉树表示法

层，如果相邻两个区域 R_i 和 R_j 满足属于单一区域的要求，则将其合并起来；如果 R_i 不满足所要求的同一区域条件（像素属性不一致），那么继续将 R_i 分裂成不重叠的四等份作为第二层，如此类推，直到不能分裂或者合并。块中的标号是这样确定的：对于第一层的四块，从左上块开始按顺时针方向标号为1、2、3、4，第二层每一块又以同样的方式标号。如第二层左上角的标号为11、12、13、14。即下一层子块的标号是在它从属的上一层的标号后添号。当子块不再往下分时，其尾数添0。分裂合并操作如图9-11所示。

所以分裂—合并法步骤如下：

（1）确定属于同一区域的条件，即像素属性一致的准则 T，将原始图像构造成四叉树数据结构。

（2）将图像四叉树结构中的某一层作为初始的区域划分。如果对于任何区域 R，有 $T(R)=\text{false}$，则把 R 区域分裂成四个子区，若任意一个子区 R_i 满足 $T(R_i)=\text{false}$，则将该子区再分裂为四个区域。如果对任一恰当的四个子区有 $T(R_1 \bigcup R_2 \bigcup R_3 \bigcup R_4)=\text{true}$，则把这四个区域合并成一个区。重复上述操作，直到不可再分或再合为止。

（3）若有不同大小的两个相邻区域 R_i 和 R_j，满足 $T(R_i \bigcup R_j)=\text{true}$，则合并这两个区域。

例如，首先将一幅图像分裂至第二层作为初始的区域划分，子块数 $n=16$，如图9-12（a）所示。

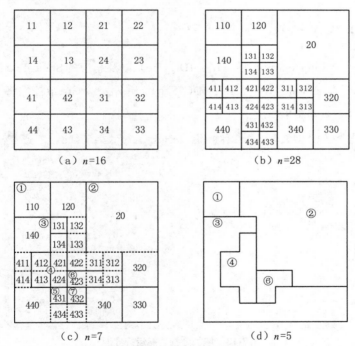

（a）$n=16$

（b）$n=28$

（c）$n=7$

（d）$n=5$

图9-12　分裂合并法示例

第二步，合并处理。按照预先制定的属性一致性准则，对第二层每四个子块进行检查，这里假设21、22、23、24符合合并原则，则合并，标记为20，如图9-12（b）所示。

第三步，分裂处理。对其他12个子块检查发现，原标号为13、31、41、42

和43的子块内像素不符合像素一致性规则，故将它们分别分成四个子块。经一次合并和五次分裂后的结果如图9-12(b)所示。

第四步，组合处理。经上述步骤后，图像共分成28块，然后以每块为中心，检查相邻各块，凡符合像素属性一致性的，再次合并。如图9-12(c)所示，组合处理后变成七块。

第五步，消失小区。对图9-12(c)中标号为⑥和⑦的两个小区，与相邻大块比较，按它们对邻近大块的像素属性一致性程度分别归并到区号为④和⑧中去，经这样处理后的输出结果为五个区域，如图9-12(d)所示。

究竟一幅图像初始分割为多少层，视图像大小而定。另外在"消失小区"时，会给区域边缘带来误差。

9.4 OpenCV 实现

增加一个 Edit Control 控件（ID：IDC_Tre）以及相应的 Static Text 控件，增加一个按钮（Caption：分割；ID：IDC_Seg），并用一个 Group 控件将上述控件包括，运行结果如图9-13所示。

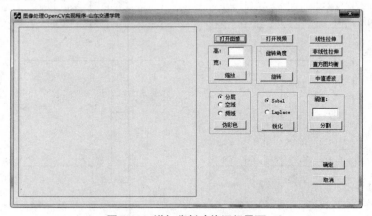

图9-13　增加分割功能运行界面

为分割按钮，添加消息响应函数，实现固定阈值的图像分割，代码如下：

```
IplImage *g_src,*dst;
g_src=cvCreateImage(cvGetSize(m_ipl),IPL_DEPTH_8U,1);
```

```
cvCvtColor(m_ipl,g_src,CV_RGB2GRAY);
dst=cvCreateImage(cvGetSize(g_src),IPL_DEPTH_8U,1);//存储分割后图像

    CEdit* m_Edit_T=(CEdit*)GetDlgItem(IDC_Thre);
    CString Th;
    m_Edit_T->GetWindowText(Th);
    int T=atoi(Th); //获取输入的分割阈值

    if (T<0) //对获取的阈值进行判断，确保其在0~255之间
    {
        T=0;
    }
    else if (T>255)
    {
        T=255;
    }

    cvThreshold(g_src,dst,T,255,CV_THRESH_BINARY);//利用阈值进行分割
    cvNamedWindow("分割后图像");
    cvShowImage("分割后图像", dst);
    cvWaitKey(0);

    cvReleaseImage(&g_src);
    cvReleaseImage(&dst);
```

void cvThreshold(const CvArr* src, CvArr* dst, double threshold,
        double max_value, int threshold_type);
  函数cvThreshold对单通道数组应用固定阈值操作。该函数的典型应用是对灰度图像进行阈值操作得到二值图像。(cvCmpS 也可以达到此目的) 或者是去掉噪声，例如过滤很小或很大像素值的图像点。具体参数如下：
  src :原始数组(单通道, 8bit of 32bit 浮点数)。

dst : 输出数组,必须与 src 的类型一致,或者为 8bit。

threshold : 阈值。

max_value : 使用 CV_THRESH_BINARY 和 CV_THRESH_BINARY_INV 的最大值。

threshold_type : 阈值类型。

CV_THRESH_BINARY:

dst(x,y) = max_value, if src(x,y)>threshold

0, otherwise

CV_THRESH_BINARY_INV:

dst(x,y) = 0, if src(x,y)>threshold

max_value, otherwise

CV_THRESH_TRUNC:

dst(x,y) = threshold, if src(x,y)>threshold

src(x,y), otherwise

CV_THRESH_TOZERO:

dst(x,y) = src(x,y), if (x,y)>threshold

0, otherwise

CV_THRESH_TOZERO_INV:

dst(x,y) = 0, if src(x,y)>threshold

src(x,y), otherwise

打开图像,输入阈值 130,点击分割按钮,运行结果如图 9-14 所示。

图 9-14　分割运行结果

第10章 二值图像处理

以二值图像处理为中心的图像处理系统很多，这主要是因为二值图像处理系统速度快，成本低；能定义几何学的各种概念；多值图像也可变成二值图像处理等。

二值图像处理流程如图 10-1 所示。关于灰度图像的二值化在 9.2 节图像分割中已经介绍，本章介绍二值图像处理中的各种方法。

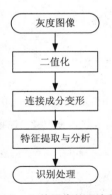

图10-1　二值图像处理流程图

10.1　二值图像的连接性和距离

表示对象形状的二值图像亦称图形，图形的形状是图像最本质的信息。因此提取形状的各种特征来识别和描述对象，是图像分析最重要的任务之一。

在二值图像特征分析中最基础的概念是二值图像的连接性（连通性）和距离。

10.1.1 邻域和邻接

对于任意像素 (i,j)，把像素的集合 $\{(i+p,j+q)\}$（p,q 是一对适当的整数）称为像素 (i,j) 的邻域，即像素 (i,j) 附近的像素形成的区域。最常采用的是4-邻域和8-邻域。

（1）4-邻域与4-邻接

像素 p 上、下、左、右4个像素 $\{p_0,p_2,p_4,p_6\}$ 称为像素 p 的4-邻域，如图10-2(b)所示。互为4-邻域的两像素称为4-邻接（或者4-连通），图10-2(a)中 p 和 p_0、p_0 和 p_1 均为4-邻接。

（2）8-邻域与8-邻接

像素 p 上、下、左、右4个像素和4个对角线像素即 $p_0\sim p_7$ 称为像素 p 的8-邻域，如图10-2（c）所示。互为8-邻域的两像素称为8-邻接（8-连通）。图10-2（a）中 p 和 p_1，p_0 和 p_2 都是8-连通。

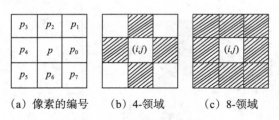

（a）像素的编号　　（b）4-领域　　（c）8-领域

图10-2　连通像素的种类

在对二值图像进行处理时，是采用8-邻接还是4-邻接方式进行处理，要看图像的具体情况而定。在处理斜线多的图形中，采用8-邻接方式更合适些。

10.1.2 像素的连接

对于二值图像中具有相同值的两个像素 A 和 B，所有和 A、B 具有相同值的像素系列 $p_0(=A)$，p_1，p_2，$\cdots$，p_n-1，$p_n(=B)$ 存在，并且 p_i-1 和 p_i 互为 4-/8-邻

接，那么像素 A 和 B 叫做4-/8-连接，以上的像素序列叫4-/8-路径。如图10-3中，c 和 e 为连接的像素。

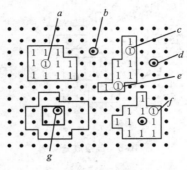

图10-3　像素的连接

在二值图像中，把互相连接的像素的集合汇集为一组，于是具有若干个0值的像素（0像素）和具有若干个1值的像素(1像素)的组就产生了。把这些组称为连接成分，也称为连通成分。

在研究一个二值图像连接成分的场合，若1像素的连接成分用4-/8-连接，而0像素连接成分必须用相反的8-/4-连接，否则就会产生矛盾。如图10-4所示，如果假设各个1像素用8-连接，则中心的0像素就被包围起来。如果对0像素也用8-连接，它就会与右上的0像素连接起来，从而产生矛盾。因此0像素和1像素必须采用互反的连接形式。

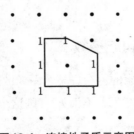

图10-4　连接性矛盾示意图

在0像素的连接成分中，如果存在和图像外围的1行或1列的0像素不相连接的成分，则称为孔。不包含有孔的1像素连接成分叫做单连接成分。含有孔的1像素连接成分叫做多重连接成分。图10-5给出了一个实例。

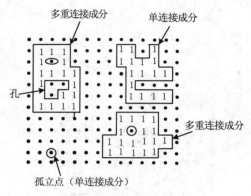

图10-5　连接成分实例

在图像包含多个图形的场合，将它们看做是以连接成分为对象的图形。在这个意义上，分析图形的各种性质时，将其分成连接成分来处理的思想更重要。

10.1.3 欧拉数

在二值图像中，1像素连接成分数 C 减去孔数 H 的差值叫做这幅图像的欧拉数或示性数。若用 E 表示二值图像的欧拉数，则

$$E = C - H$$

对于一个1像素连接成分，1减去这个连接成分中所包含的孔数的差值叫做这个1像素连接成分的欧拉数。显然，二值图像的欧拉数是所有1像素连接成分的欧拉数之和。

10.1.4 像素的可删除性和连接数

二值图像上改变一个像素的值后，整个图像的连接性并不改变(各连接成分既不分离、不结合，孔也不产生、不消失)，则这个像素是可删除的。像素的可删除性可用像素的连接数来检测。

首先介绍几个概念：

与背景相连的像素称为境界像素,为了记录图形形状，对邻接的境界像素一个接一个地进行跟踪处理，叫境界追踪。

进行包括孔的所有的境界线追踪时，通过某个1-像素的次数，叫做该像素的

连接数。

像素的连接数可以通过考察以该像素为中心的3×3像素区域获取。

为了研究二值图像像素的连接性，用 p 表示任意像素，它的8-邻域如图10-2(a)所示。像素 p 的值用 $B(p)$ 表示，$B(p) \in \{0,1\}$。当 $B(p) = 1$ 时，像素 p 的连接数 $N_c(p)$ 就是与 p 连接的连接成分数。计算像素 p 的4- / 8-邻接的连接数公式分别为

$$N_c^{(4)}(p) = \sum_{k \in S} \{B(p_k) - B(p_k)B(p_{k+1})B(p_{k+2})\} \tag{10-1a}$$

$$N_c^{(8)}(p) = \sum_{k \in S} \{\bar{B}(p_k) - \bar{B}(p_k)\bar{B}(p_{k+1})\bar{B}(p_{k+2})\} \tag{10-1b}$$

式中：$s \in \{0,2,4,6\}$；$\bar{B}(p) = 1 - B(p)$；当 $k + 2 = 8$ 时，$p_8 = p_0$。

图10-6给出了几种情况的像素连接数。像素 p 为边界点时，连接数 $N_c^{(8)}(p)$ 表示为8邻接（从像素 p_0 到 p_7）像素的连接成分数。图10-6（e）中 p 像素的连接数为

$$\begin{aligned}
N_c^{(8)}(p) &= [\bar{B}(p_0) - \bar{B}(p_0)\bar{B}(p_1)\bar{B}(p_2)] + \\
&\quad [\bar{B}(p_2) - \bar{B}(p_2)\bar{B}(p_3)\bar{B}(p_4)] + \\
&\quad [\bar{B}(p_4) - \bar{B}(p_4)\bar{B}(p_5)\bar{B}(p_6)] + \\
&\quad [\bar{B}(p_6) - \bar{B}(p_6)\bar{B}(p_7)\bar{B}(p_8)] \\
&= (0 - 0 \times 0 \times 0) + (0 - 0 \times 1 \times 1) + \\
&\quad (1 - 1 \times 1 \times 0) + (0 - 0 \times 1 \times 0) \\
&= 1
\end{aligned} \tag{10-2}$$

即连接成分数为1。如果采用4-邻接，图10-6（e）中像素 p 的连接成分为 $\{p_0, p_1, p_2\}$ 和 $\{p_6\}$ 两个。那么连接数 $N_c^{(4)}(p) = 2$。

对于同一图像，在4-或8-邻接的情况下，各像素的连接数是不同的。像素的连接数作为二值图像局部的特征量是很有用的。按照连接数 $N_c(p)$ 不同可将像素分为以下几种：

（1）孤立点：$B(p) = 1$ 的像素 p，在4-/8-邻接的情况下，当其4-/8-邻接的像素全是0时，像素 p 叫做孤立点。如图10-6(a)所示，孤立点的连接数 $N_c(p) = 0$。

（2）内部点：$B(p) = 1$ 的像素 p，在4-/8-邻接的情况下，当其4-/8-邻接的像素全是1时，像素 p 叫做内部点。如图10-6(i)所示，内部点连接数 $N_c(p) = 0$。

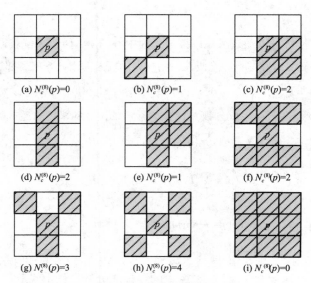

(a) $N_c^{(8)}(p)=0$ (b) $N_c^{(8)}(p)=1$ (c) $N_c^{(8)}(p)=2$

(d) $N_c^{(8)}(p)=2$ (e) $N_c^{(8)}(p)=1$ (f) $N_c^{(8)}(p)=2$

(g) $N_c^{(8)}(p)=3$ (h) $N_c^{(8)}(p)=4$ (i) $N_c^{(8)}(p)=0$

图10-6　像素的连接数

（3）边界点：在 $B(p)=1$ 的像素中，把除了孤立点和内部点以外的点叫做边界点。在边界点，$1 \leqslant N_c(p) \leqslant 4$ 。如图10-6(b)、(c)和(e)所示，$N_c(p)=1$ 的1像素点为可删除点或端点；如图10-6(d)、(f)所示，$N_c(p)=2$ 的1像素为连接点；如图10-6(g)所示，$N_c(p)=3$ 的1像素点为分支点；如图10-6(h)所示，$N_c(p)=4$ 的1像素点为交叉点。

（4）背景点：把 $B(p)=0$ 的像素叫做背景点，背景点的集合分成与图像外围的1行1列的0像素不相连接的像素 p 和相连接的像素 p 。前者叫做孔，后者叫做背景。

像素种类的例子如图10-7所示，图中 p_1 表示孤立点；p_2 表示内部点；$p_3 \sim p_6$ 表示边界点，其中 $N_c^8(p_3)=1$ ，$N_c^8(p_5)=3$ ，$N_c^8(p_6)=4$ ；p_7 表示背景点。

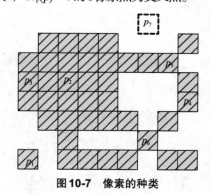

图10-7　像素的种类

10.1.5 距离

对于集合 S 中的两个元素 p 和 q ，当函数 $D(p,q)$ 满足下式的条件时，把 $D(p,q)$ 叫做 p 和 q 的距离，也称为距离函数。

$$\begin{cases} D(p,q) \geqslant 0 \\ D(p,q) = D(q,p) \\ D(p,r) \leqslant D(p,q) + D(q,r) \end{cases} \tag{10-3}$$

计算点 (i,j) 和 (h,k) 间距离常用的方法如下：

（1）欧几里得距离

$$d_e[(i,j),(h,k)] = [(i-h)^2 + (j-k)^2]^{1/2} \tag{10-4}$$

（2）4-邻点距离

$$d_4[(i,j),(h,k)] = |i-h| + |j-k| \tag{10-5}$$

（3）8-邻点距离

$$d_8[(i,j),(h,k)] = \max(|i-h|, |j-k|) \tag{10-6}$$

（4）8角形距离

$$d_0[(i,j),(h,k)] = \max\{|i-h|, |j-k|, [2(|i-h| + |j-k| + 1)/3]\} \tag{10-7}$$

图 10-8 表示以中心像素为原点的各像素距离。从等距离线可以看出，在图 10-8(a) 中大致呈圆形，在图 10-8(b) 中呈倾斜 45° 的正方形，在图 10-8(c) 中呈方形，在图 10-8（d）中等距离线呈 8 角形。因此，d_8 的别名称为国际象棋盘距离，d_4 的别名称为街区画距离。

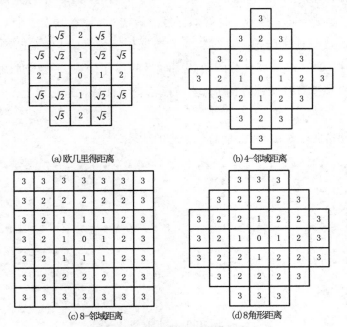

(a) 欧几里得距离　　(b) 4-邻域距离

(c) 8-邻域距离　　(d) 8角形距离

图 10-8　离开单个像素的距离

10.2 连接成分的变形处理

二值图像包含目标的位置、形状、结构等许多重要特征，是图像分析和目标识别的依据。为了从二值图像中准确提取有关特征，需要先进行二值图像的增强处理，通常又称为二值图像连接成分的变形处理。这里介绍几种重要的处理。

10.2.1 连接成分的标记

为区分二值图像中的连接成分，求得连接成分个数，连接成分的标记不可缺少。对属于同一个1像素连接成分的所有像素分配相同的编号，对不同的连接成分分配不同的编号的操作，叫做连接成分的标记。

下面以图10-9为例来介绍顺序扫描和并行传播组合起来的标号算法(8-连接的场合)。对图10-9(a)中的图像按照从上到下、从左至右的顺序进行扫描，发现没有分配标号的1像素，对这个像素，分配给它还没有使用过的标号，对位于这个像素8-邻域内的1像素也赋予同一标号，然后对位于各个标号像素8-邻域内的1像素也赋予同一标号。这好似标号由最初的1像素开始一个个地传播下去的处理。反复地进行这一处理，直到应该传播标号的1像素已经没有的时候，对一个1像素连接成分分配给相同标号的操作结束。继续对图像进行扫描，如果发现没有赋予标号的1像素就赋给新的标号，进行以上同样的处理；否则就结束处理。

图10-9(b)是对图10-9(a)进行标记处理的结果。

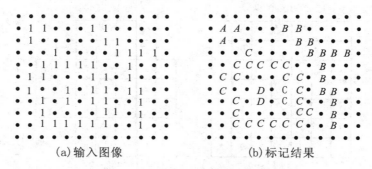

(a)输入图像　　　　　　　(b)标记结果

图10-9　标记举例

10.2.2 腐蚀

二值形态学中的运算对象是集合，但实际运算中当涉及两个集合时并不把它们看做是对等的。一般设 A 为图像集合，B 为结构元素，数学形态学运算是用 B 对 A 进行操作。需要指出，结构元素本身实际上也是 1 个图像集合。对每个结构元素，指定 1 个原点，它是结构元素参与形态学运算的参考点。

腐蚀运算是最基本的形态变换。腐蚀能够消除图像的边界点，使边界向内部收缩，可以用来消除小而且没有意义的物体。

腐蚀运算也称为侵蚀运算，用符号 Θ 表示，A 用 B 来腐蚀定义为

$$A\Theta B=\{a|B_a\subset A\} \tag{10-8}$$

腐蚀过程描述为：把结构元素 B 平移 a 后得到 B_a，若 B_a 仍包含在集合 A 中，就记下这个 a 点，那么所有满足以上条件的 a 点组成的集合就称为 A 被 B 腐蚀的结果。

腐蚀过程如图 10-10 所示。

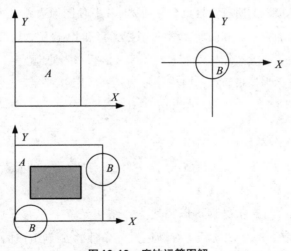

图10-10　腐蚀运算图解

图 10-10 中 A 表示一个被处理的对象，B 表示一个结构元素，原点指定为 B 的圆心位置。可以看出对于图中任意一个在阴影部分的 a，B_a 包含于 A，所以

这个阴影边界内的点就构成了 A 被 B 腐蚀的结果。阴影部分在 A 的范围之内，且比 A 小，就像 A 被剥掉了一层似的，这就是称为腐蚀的原因。

例 10.1　腐蚀运算示例

已知图 10-11（a）是一幅二值图像 X，图 10-11（b）为结构元素 B，其中的点代表结构元素的参考点。按照定义腐蚀后的结果如图 10-11（c）所示。可见，$X\Theta B$ 与 X 相比，X 的区域被缩小了。

(a) 原图X　　　(b) 结构元素B　　　(c) $X\Theta B$

图 10-11　腐蚀示例

10.2.3 膨胀

膨胀（dilation）运算也是最基本的形态变换，可以看成腐蚀的对偶运算。膨胀能够将与物体接触的所有背景点合并到物体中，使图像边界向外部扩张，可以用来填补物体中的空洞。和前面介绍的腐蚀运算相同，设定 A 为要处理的图像集合，B 为结构元素，通过结构元素 B 对图像 A 进行膨胀处理。

膨胀运算也称为扩张运算，用符号 $\oplus$ 表示，A 用 B 来膨胀定义为

$$A \oplus B = \left\{ a \mid B_a \uparrow A \right\} \tag{10-9}$$

其中，$B_a \uparrow A$ 称为击中，击中定义如下：

设有两幅图像 A 和 X，若存在这样一个点，它既是 A 的元素，又是 X 的元素，则称 A 击中 X，记作 $A \uparrow X$。

式(10-9)表示的膨胀过程可以描述为：结构元素 B 平移 a 后得到 B_a，若 B_a 击中 A，则记下这个 a 点，所有满足上述条件的 a 点组成的集合称为 A 被 B 膨胀的结果。

膨胀运算过程可以用图 10-12 来描述。

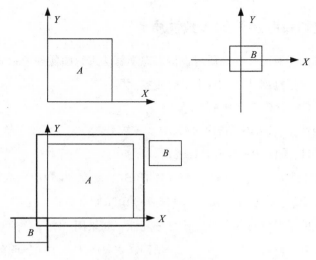

图 10-12　膨胀图解

图 10-12 中 A 表示的大方形是被处理的对象，B 表示的小方形是一个结构元素，原点指定在 B 的中心。可以看出对于任意一个在阴影部分的点 a，得到的 B_a 都击中 A，所以 A 被 B 膨胀的结果就是那个阴影部分，阴影部分包括 A 的所有范围，就像 A 膨胀了一圈似的，所以称这种运算为膨胀。

例 10.2　膨胀运算示例

已知图 10-13（a）是一幅二值图像 X，其中阴影部分代表灰度值为 1 的区域，白色部分为灰度值为 0 的区域，左上角空间坐标为（0,0）。图 10-13（b）为结构元素 B，其中▨代表结构元素的参考点。按照定义膨胀后的结果如图 10-13（c）所示。可见，$X \oplus B$ 与 X 相比，X 按照 B 的形态膨胀扩大了一定的范围。

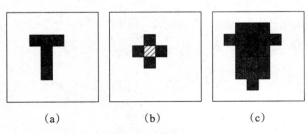

　　　（a）　　　　　　　　（b）　　　　　　　　（c）

图 10-13　膨胀示例

10.2.4 腐蚀和膨胀运算的代数性质

膨胀和腐蚀运算的一些性质对设计形态学算法进行图像处理和分析是非常有用的，所以在这里列出几个比较重要的代数性质：

（1）交换性：$A \oplus B = B \oplus A$。

（2）结合性：$A \oplus (B \oplus C) = (A \oplus B) \oplus C$。

（3）递增性：$A \subseteq B \Rightarrow A \oplus C \subseteq B \oplus C$。

（4）分配性：$(A \cup B) \oplus C = (A \oplus C) \cup (B \oplus C)$，$A \Theta (B \cup C) = (A \Theta B) \cap (A \Theta C)$，$A \oplus (B \cup C) = (A \oplus B) \cup (A \oplus C)$，$(B \cap C) \Theta A = (B \Theta A) \cap (C \Theta A)$。

这些性质的重要性显而易见，比如分配性，如果用一个复杂的结构元素对图像进行膨胀运算，则可以把这个复杂的结构元素分解为几个简单的结构元素的并集，然后用几个简单的结构元素对图像分别进行膨胀运算，最后再将结果进行并集运算，这样一来可以大大简化运算的复杂性。

10.2.5 开运算和闭运算

一般情况下，膨胀与腐蚀并不互为逆运算，所以它们可以级连结合使用。腐蚀后再膨胀，或者膨胀后再腐蚀，通常不能恢复成原来图像，而是产生一种新的形态变换，前一种运算称为开运算，后一种运算称为闭运算，它们也是数学形态学中的重要运算。需要注意的是，这里进行的腐蚀和膨胀运算必须使用同一个结构元素。

开运算一般能平滑图像的轮廓，削弱狭窄的部分，去掉细的突出。闭运算也是平滑图像的轮廓，与开运算相反，它一般能融合窄的缺口和细长的弯口，去掉小洞，填补轮廓上的缝隙。

1.开运算和闭运算概念

开运算(opening)的符号用 "∘" 表示，A 用 B 进行开运算定义为

$$A \circ B = (A \Theta B) \oplus B \tag{10-10}$$

闭运算(closing)的符号用 "·" 表示，A 用 B 进行闭运算定义为

$$A \cdot B = (A \oplus B) \Theta B \tag{10-11}$$

由此可知，开运算是先用结构元素 B 对图像 A 进行腐蚀之后，再进行膨

胀。闭运算是先用结构元素 B 对图像 A 进行膨胀之后，再进行腐蚀。开运算和闭运算不受原点是否在结构元素之中的影响。

图 10-14 显示了集合 X 被一个圆盘形结构开运算和闭运算的情况。10-14（a）是集合 X，图 10-14（b）显示了腐蚀过程中圆盘形结构元素的各个位置，当完成这一过程时，形成分开的两个图形如图 10-14（c）所示。注意，X 的两个主要部分之间的桥梁被去掉了。"桥"的宽度小于结构元素的直径，也就是结构元素不能完全包含于集合 X 的这一部分。同样，X 的最右边的部分也被切掉了。图 10-14（d）给出了对腐蚀的结果进行膨胀的过程。图 10-14（e）显示了开运算的最后结果。同样，图 10-14（f）~图 10-14（i）显示了用同样的结构元素对 X 作闭运算的结果。结果去掉了 X 左边对于 B 来说是较小的弯。用同一个圆形的结构元素对集合 X 作开运算和闭运算，使 X 的一些部分变得平滑。

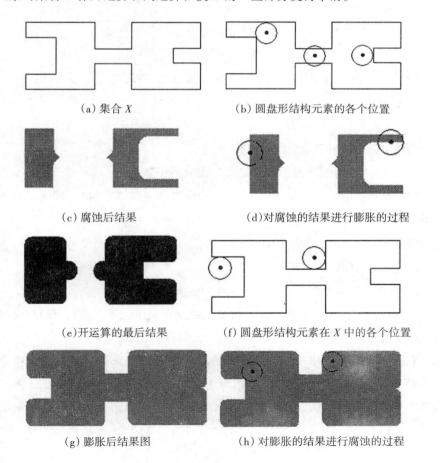

（a）集合 X （b）圆盘形结构元素的各个位置

（c）腐蚀后结果   （d）对腐蚀的结果进行膨胀的过程

（e）开运算的最后结果   （f）圆盘形结构元素在 X 中的各个位置

（g）膨胀后结果图   （h）对膨胀的结果进行腐蚀的过程

（i）闭运算的最后结果

图10-14　集合 X 被圆盘形结构元素开运算和闭运算过程

关于开运算和闭运算的几何解释，可以把圆盘形结构元素 B 看做一个（平面的）滚动球，$X \circ B$ 的边界为 B 在 X 内滚动所能达到的最远处的 B 的边界所构成，$X \cdot B$ 的边界为 B 在 X 外滚动所能达到的最远处的 B 的边界所构成。

2. 开运算和闭运算的性质

通过前面的分析和介绍，可以看出开运算具有如下性质：

（1）非外延性：$A \circ B \subseteq A$，即 $A \circ B$ 是集合 A 的子集。

（2）增长性：$X \subseteq Y \Rightarrow X \circ B \subseteq Y \circ B$，即如果 X 是 Y 的子集，则 $X \circ B$ 是 $Y \circ B$ 的子集。

（3）同前性：$(A \circ B) \circ B = A \circ B$。

同样可以总结出闭运算具有如下性质：

（1）外延性：$A \subseteq A \cdot B$，即 A 是集合 $A \cdot B$ 的子集。

（2）增长性：$X \subseteq Y \Rightarrow X \cdot B \subseteq Y \cdot B$，即如果 X 是 Y 的子集，则 $X \cdot B$ 是 $Y \cdot B$ 的子集。

（3）同前性：$(A \cdot B) \cdot B = A \cdot B$。

3. 开运算与闭运算的应用

1）图像的平滑处理

采集图像时由于各种因素，不可避免地存在噪声，多数情况下噪声是可加性。可以通过形态变换进行平滑处理，滤除图像的可加性噪声。

形态开启是一种串行复合极值滤波，可以切断细长的搭线，消除图像边缘毛刺和孤立点，显然具有平滑图像边界的功能。如图10-15所示，图（a）为具有噪声的原始图像，图(b)为结构元素，图（c）为利用开运算去噪平滑后的结果。

(a)具有噪声的原图像　　　(b)结构元素　　　(c)去噪声之后图像

图10-15　去除图像高斯噪声举例

闭运算是一种串行复合极值滤波，具有平滑边界的作用，能连接短的间断，填充小孔的作用。因此平滑图像处理可以采用闭合运算的形式：

$$Y = X \circ B \tag{10-12}$$

还可以通过开运算和闭运算的串行结合来构成形态学噪声滤波器。考虑如图10-16所示的一个简单的二值图像，它是一个被噪声影响的矩形目标。图框外的黑色小块表示噪声，目标中的白色小孔也表示噪声，所有的背景噪声成分的物理尺寸均小于结构元素，图(c)是原图像 X 被结构元素 B 腐蚀后的图像，实际上它将目标周围的噪声块消除了，而且目标内的噪声成分却变大了。因为目标内的空白部分实际上是内部的边界，经腐蚀后会变大。再用 B 对腐蚀结果进行膨胀得到图(d)。现在用 B 对图(d)进行闭运算，就将目标内的噪声孔消除了。由此可见，$(X \circ B) \cdot B$ 可以构成滤除图像噪声的形态滤波器，能滤除目标内比结构元素小的噪声块。

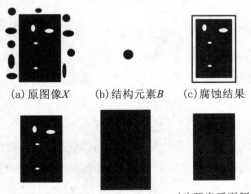

(a)原图像X　　(b)结构元素B　　(c)腐蚀结果

(d)开启结果$X \cdot B$　(d)开启后再膨胀　(f)开启后再闭合
$(X \cdot B) \cdot B$

图10-16　二值形态学用于图像的平滑处理举例

2）图像的边缘提取

在一幅图像中，图像的边缘线或棱线是信息量最为丰富的区域。提取边界或边缘是图像分割的重要组成部分。实践证明，人的视觉系统率先在视网膜上实现边界线的提取，然后再把所得的视觉信息提供给大脑。因此，通过提取出物体的边界可以明确物体大致形状。这种做法实质上把一个二维复杂的问题表示为一条边缘曲线，大大节约了处理时间，为识别物体带来了方便。

提取物体的轮廓边缘的形态学变换为：

$$Y = X - (X \Theta B) \tag{10-13}$$

如图10-17所示，图（a）为原始图像，图（b）为结构元素，图（c）为腐蚀结果，图(d)为轮廓提取结果。

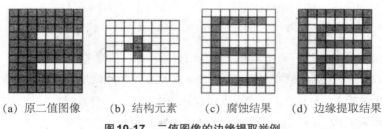

(a) 原二值图像　　(b) 结构元素　　(c) 腐蚀结果　　(d) 边缘提取结果

图 10-17　二值图像的边缘提取举例

10.3　形状特征提取与分析

形状分析是在提取图像中的各目标形状特征基础上，对图像进行识别和理解。

图像分割获得了组成区域的像素集合(亦称区域内部)或组成区域边界的像素集合(区域外部)。因此感兴趣的目标可用区域内部或区域外部表示。若对目标区域内部或区域外部提取形状特征，分析这些区域的空间分布关系和有关图像的先验知识，就能对图像作出正确的分析和理解。可见区域形状特征的提取是形状分析的基础。

区域形状特征的提取有三类方法：区域内部(包括空间域和变换)形状特征提取；区域外部(包括空间域和变换)形状特征提取；利用图像层次型数据结构，提取形状特征。下面将介绍几种常用的形状特征提取与分析方法。

10.3.1 区域内部形状特征提取与分析

1. 区域内部空间域分析

区域内部空间域分析是直接在图像的空间域对区域内部提取形状特征来进行分析。主要有以下几种方法。

1）拓扑描述子

欧拉数是拓扑特性之一。图10-18(a)的图形有一个连接成分和一个孔，所以它的欧拉数为0，而图10-18(b)有一个连接成分和两个孔，所以它的欧拉数为−1。可见欧拉数可用于目标识别。

对于线段表示的区域，也可以用欧拉数来描述。如图10-19中的多边形网，把这个多边形网内部分成面和孔，如果设顶点数为 W，边数为 Q，面数为 F，则可以得到下列关系，这个关系称为欧拉公式：

$$W - Q + F = C - H = E \qquad (10\text{-}14)$$

在图10-19中的多边形网中，有7个顶点、11条边、2个面(1个连接区、3个孔)，因此，由式(10-15)可以得到 $E = 7 - 11 + 2 = -2$。

可见，区域的拓扑性质对区域的全局描述非常有用，欧拉数是区域的一个很好的描述子。

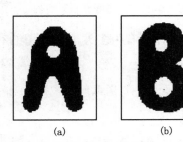

(a)   (b)

图10-18 具有欧拉数为0和−1的图形

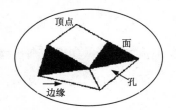

图10-19 包含多角网络的区域

2) 凹凸性

连接图形内任意两个像素的线段，如果不通过这个图形以外的像素，则这个图形称为凸的。任何一个图形，把包含它的最小的凸图形叫这个图形的凸闭包。显然，凸图形的凸闭包就是它本身。从凸闭包除去原始图形后，所产生的图形的位置和形状是形状特征分析的重要线索。

3) 区域的测量

区域的大小及形状表示方法包括以下几种：

（a）面积。区域内像素的总和。如图10-20所示，该区域包含41个像素，则面积为41。

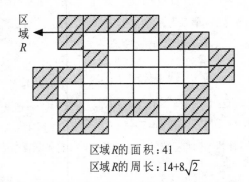

区域R的面积：41

区域R的周长：$14+8\sqrt{2}$

图10-20　区域的面积和周长

（b）周长。关于周长的计算有很多方法，常用的有两种：一种计算方法是针对区域的边界像素而言，上、下、左、右像素间的距离为1，对角线像素间的距离为$\sqrt{2}$，周长就是边界像素间距离的总和；另一种计算方法将边界的像素总和作为周长。

（c）圆形度。它是测量区域形状常用的量。其定义如下：

$$R = 4\pi \frac{(面积)}{(周长)^2} \tag{10-15}$$

当区域为圆形时，R最大（$R=1$）；如果是细长的区域，R则较小。

此外，常用的特征量还有区域的幅宽、占有率和直径等。

2. 区域内部变换分析法

区域内部变换分析法是形状分析的经典方法，它包括求区域的各阶统计矩、投影和截口等。

1) 矩法

函数 $f(x,y)$ 的 $(p+q)$ 阶原点矩定义为

$$m_{pq} = \int_{-\infty}^{\infty} \int_{-\infty}^{\infty} x^p y^q f(x,y) \mathrm{d}x\mathrm{d}y, pq \in \{0,1,2,\cdots\} \qquad （10\text{-}16）$$

那么大小为 $n \times m$ 的数字图像 $f(i,j)$ 的原点矩为

$$M_{pq} = \sum_{i=1}^{n} \sum_{j=1}^{m} i^p j^q f(i,j) \qquad （10\text{-}17）$$

0 阶矩 m_{00} 是图像灰度 $f(i,j)$ 的总和。二值图像的 m_{00} 则表示对象物的面积。如果用 m_{00} 来归一化 1 阶矩 m_{10} 及 m_{01}，则得到中心坐标 (i_G, j_G)：

$$i_G = \frac{m_{10}}{m_{00}} = \sum_{i=1}^{n} \sum_{j=1}^{m} i f(i,j) / \sum_{i=1}^{n} \sum_{j=1}^{m} f(i,j)$$
$$j_G = \frac{m_{01}}{m_{00}} = \sum_{i=1}^{n} \sum_{j=1}^{m} j f(i,j) / \sum_{i=1}^{n} \sum_{j=1}^{m} f(i,j) \qquad （10\text{-}18）$$

中心矩定义为

$$M_{pq} = \sum_{i=1}^{n} \sum_{j=1}^{m} (i - i_G)^p (j - j_G)^q f(i,j) \qquad （10\text{-}19）$$

由式(10-18)可知，1 阶中心矩从 M_{01} 和 M_{10} 均为零。

中心矩 M_{pq} 能反映区域中的灰度相对于灰度中心是如何分布的。利用中心矩可以提取区域的一些基本形状特征。例如，M_{20} 和 M_{02} 分别表示围绕通过灰度中心的垂直和水平轴线的惯性矩。假如 $M_{20} > M_{02}$，则区域可能为一个水平方向延伸的区域。当 $M_{30} = 0$ 时，区域关于 i 轴对称。同样，当 $M_{30} = 0$ 时，区域关于 j 对称。

另外，M.K.Hu 提出了对于平移、旋转和大小尺度变化均为不变的矩组，对于区域形状识别是很有用的，后称为 Hu 矩组。先定义一个归一化中心矩：

$$\eta_{pq} = \frac{M_{pq}}{M_{00}^{r}} \tag{10-20}$$

其中，$r = \dfrac{p+q}{2}$，$p+q = 2,3,4,\cdots$。

利用二阶和三阶归一化中心矩可以导出以下7个不变矩组，就是Hu矩组：

$$M_1 = \eta_{20} + \eta_{02}$$
$$M_2 = (\eta_{20} - \eta_{02})^2 + 4\eta_{11}$$
$$M_3 = (\eta_{30} - 3\eta_{12})^2 + (3\eta_{21} + \eta_{03})^2$$
$$M_4 = (\eta_{30} + \eta_{12}) + (\eta_{21} + \eta_{03})^2$$
$$M_5 = (\eta_{30} - 3\eta_{12})(\eta_{30} + \eta_{12})[(\eta_{30} + \eta_{12})^2 - 3(\eta_{21} + \eta_{03})^2] + \tag{10-21}$$
$$(3\eta_{12} - \eta_{30})(\eta_{12} + \eta_{30})[3(\eta_{30} + \eta_{12})^2 - (\eta_{21} + \eta_{03})^2]$$
$$M_6 = (\eta_{20} - \eta_{02})[(\eta_{30} + \eta_{12})^2 - (\eta_{21} + \eta_{03})^2] + 4\eta_{11}(\eta_{30} + \eta_{12})(\eta_{12} + \eta_{30})$$
$$M_7 = (3\eta_{12} - \eta_{30})(\eta_{30} + \eta_{12})[(\eta_{30} + \eta_{12})^2 - 3(\eta_{21} + \eta_{03})^2] +$$
$$(3\eta_{12} - \eta_{03})(\eta_{12} + \eta_{03})[3(\eta_{03} + \eta_{12})^2 - (\eta_{12} + \eta_{03})^2]$$

在飞行器目标跟踪、制导中，目标形心是一个关键性的位置参数，它的精确与否直接影响到目标定位。可用矩方法来确定形心。

矩方法是一种经典的区域形状分析方法，由于它的计算量较大而缺少实用价值。四叉树近似表示以及近年来发展的平行算法、平行处理和超大规模集成电路的实现，为矩方法向实用化发展提供了基础。

2) 投影和截口

对于区域为 $n \times n$ 的二值图像 $f(i,j)$，它在 i 轴上的投影为

$$p(i) = \sum_{j=1}^{n} f(i,j), \ i = 1,2,\cdots,n \tag{10-22}$$

在 j 轴上的投影为

$$p(j) = \sum_{i=1}^{n} f(i,j), \ j = 1,2,\cdots,n \tag{10-23}$$

由式（10-22）和式（10-23）所绘出的曲线都是离散波形曲线。这样就把二值图像的形状分析化为一对一维离散曲线的波形分析。

固定 i_0 可得到图像 $f(i,j)$ 过 i_0 而平行于 j 轴的截口：

$$f(i_0,j), \ j = 0, 1, 2, \cdots, n \tag{10-24}$$

固定 j_0 可得到图像 $f(i,j)$ 过 j_0 而平行于 i 轴的截口：

$$f(i,j_0), \ i = 0, 1, 2, \cdots, n \tag{10-25}$$

由式(10-25)和式(10-26)所绘出的曲线也是两条一维离散波形曲线。那么二值图像 $f(i,j)$ 的截口长度为

$$s(i_0) = \sum_{j=1}^{n} f(i_0,j) \tag{10-26}$$

$$s(j_0) = \sum_{i=1}^{n} f(i,j_0) \tag{10-27}$$

如果投影和截口都通过 $f(i,j)$ 中的区域，式(10-23)~式(10-28)均是区域的形状特征。

10.3.2 区域外部形状特征提取与分析

1. 区域边界、骨架的空间域分析

区域外部形状是指构成区域边界的像素集合。区域边界和骨架的空间域分析法主要包括方向链码描述和结构分析法。

用于描述曲线的方向链码法是由弗里曼(Freeman)提出的。该方法采用曲线起始点的坐标和线的斜率(方向)来表示曲线。对于离散的数字图像而言，区域的边界可理解为相邻边界像素逐段相连而成。对于图像某像素的8-邻域，把该像素及其8-邻域的各像素连线方向按图10-21所示进行编码，用0、1、2、3、4、5、6、7表示8个方向，这种代码称为方向码。其中偶数码为水平或垂直方向的链码，码长为1，奇数码为对角线方向的链码，码长为 $\sqrt{2}$ 。

图 10-22 为一条封闭曲线，若以 S 为起始点，按逆时针方向编码，所构成的链码为 556570700122333。若按顺时针方向编码，则得到链码与逆时针方向行进的链码不同。可见边界链码与行进的方向有关，在具体应用时必须加以说明。

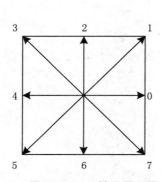

图10-21　八链码原理图

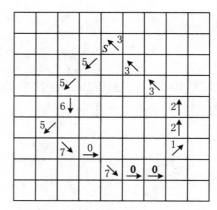

图10-22　八链码表示曲线

边界的方向链码表示既便于形状特征的计算，又节省存储空间。从链码可以提取以下一系列的几何形状特征。

（1）区域边界的周长。假设区域的边界链码为 $a_1, a_2, \cdots, a_n$，每个码 a_i 所表示的线段长度为 Δl_i，那么该区域边界的周长为

$$L = \sum_{i=1}^{n} \Delta l_i = n_e + (n - n_e)\sqrt{2} \qquad (10\text{-}28)$$

式中：n_e 为链码序列中偶数个数；n 为链码序列中码的总个数。

（2）链码的逆：

$$(a_1, a_2, \cdots, a_n)^{-1} = a_1^{-1}, a_2^{-1}, \cdots, a_n^{-1} \qquad (10\text{-}29)$$

式中：$a_i^{-1} = (a_i + 4)\bmod 8$。

链码的逆描述了相同的曲线，但方向相反。例如，$(012)^{-1} = 2^{-1}1^{-1}0^{-1} = 654$。

（3）k 方向的宽度 $E^k (k = 0, 1, 2, 3)$。k 方向表示角度为 $k\dfrac{\pi}{4}(k = 0, 1, 2, 3)$，

那么链码 $a_1, a_2, \cdots, a_n$ 对应的区域在 k 方向的宽度为

$$E^k = \max_j W_j^k - \min_j W_j^k, \quad j = 1, 2, \cdots, n \tag{10-30}$$

式中：$W_j^k = \sum_{i=1}^{n} a_{ik}$，$a_i$ 的数值见表10-1。

（4）计算面积 S。由链码计算区域的面积表达式为

$$S = \sum_{i=1}^{n} a_{i0}(\gamma_{i-1} + \frac{1}{2}a_{i2}) \tag{10-31}$$

式中：$\gamma_i = \gamma_{i-1} + a_{i2}$，$\gamma_0$ 是初始点的纵坐标；a_{i0} 和 a_{i2} 分别是方向码长度在 $k = 0$ (水平)、$k = 2$ (垂直)方向的分量。

表10-1 a_{ik} 的取值

a_i	a_{i0}	a_{i1}	a_{i2}	a_{i3}
0	1	$\frac{1}{\sqrt{2}}$	0	$-\frac{1}{\sqrt{2}}$
1	1	$\sqrt{2}$	1	0
2	0	$\frac{1}{\sqrt{2}}$	1	$\frac{1}{\sqrt{2}}$
3	−1	0	1	$\sqrt{2}$
4	−1	$-\frac{1}{\sqrt{2}}$	0	$\frac{1}{\sqrt{2}}$
5	−1	$-\frac{1}{\sqrt{2}}$	−1	0
6	0	$-\frac{1}{\sqrt{2}}$	−1	$-\frac{1}{\sqrt{2}}$
7	1	0	-1	$-\frac{1}{\sqrt{2}}$

对于封闭链码(初始点坐标与终点坐标相同)，γ_0 能任意选择，按顺时针方向编码，根据式(10-31)得到链码所代表的包围区域的面积。

（5）对 x 轴的一阶矩 $(k = 0)$：

$$M_1^n = \sum_{i=1}^{n} \frac{1}{2}a_{i0}[\gamma_{i-1}^2 + a_{i2}(\gamma_{i-1} + \frac{1}{3}a_{i2})] \tag{10-32}$$

（6）对 x 轴的二阶矩 $(k = 0)$：

$$M_2^n = \sum_{i=1}^{n} \frac{1}{3}a_{i0}[\gamma_{i-1}^3 + \frac{3}{2}a_{i2}\gamma_{i-1}^2 + a_{i2}^2\gamma_{i-1} + \frac{1}{4}a_{i2}] \tag{10-33}$$

（7）形心位置 (x_c, y_c)：

$$x_c = M_1^y / S \qquad\qquad (10\text{-}34)$$

$$y_c = M_1^x / S$$

式中：M_1^y 是链码关于 y 轴的一阶矩。它的计算过程为：先将链码的每个方向码作旋转 $90°$ 的变换，得

$$a'_i = a_i + 2(\bmod 8), \quad i = 1, 2, \cdots, n \qquad\qquad (10\text{-}35)$$

然后利用式(10-32)进行计算，得 M_1^y。

（8）两点之间的距离。如果链码中任意两个离散点之间的链码为 $a_1, a_2, \cdots, a_m$，那么这两点间的距离为

$$d = \left[\left(\sum_{i=1}^{n} a_{i0} \right)^2 + \left(\sum_{i=1}^{n} a_{i2} \right)^2 \right]^{1/2} \qquad\qquad (10\text{-}36)$$

根据链码还可以计算其他形状特征。

链码的优点是：①简化表示，节约存储量；②计算简便，表达直观；③可了解线段的弯曲度。但是在描述形状时，信息并不完全，这些形状特征与具体形状之间并不一一对应。通过这些特征并不能唯一地得到原来的图形。所以，这些特征虽可用于形状的描述，但不能用于形状的分类识别，只能起补充作用。

此外，利用图像层次型数据结构——四叉树进行形状分析是近几年发展起来的一种有效的形状分析法。利用二值图像的四叉树表示边界，可以提取区域的形状特征，如欧拉数、区域面积、矩、形心、周长等。与通常的基于图像像素的形状分析算法相比，其算法复杂性大大降低，并适宜于平行处理。但由于这一方法并不是平移、旋转不变的，因此用于形状分析有不足之处。

2. 区域外形变换分析法

区域外形变换是指对区域的边界作某种变换，包括区域边界的傅里叶变换、区域边界的 Hough 变换和广义 Hough 变换、区域边界的多项式逼近等。这样将区域的边界转换成矢量或数量，并把它们作为区域的形状特征。

（1）傅里叶描述算子

设封闭曲线 γ 在直角坐标系表示为 $\gamma = f(x)$，若以 $\gamma = f(x)$ 直接进行傅里叶变换，则变换的结果依赖于 x 和 γ 的值，不能满足平移和旋转不变性要求。为了解决这个问题，引入曲线弧长 l 为自变量的参数表示形式：

$$Z(l) = (x(l), \gamma(l)) \qquad (10\text{-}37)$$

若封闭曲线的全长为 L，则 $L \geqslant l \geqslant 0$。若曲线的起始点 $l = 0$，$\theta(l)$ 是曲线上弧长 l 处的切线方向，$\varphi(l)$ 为曲线从起始点的切线到弧长为 l 的点的切线夹角，如图10-23所示，则

$$\varphi(l) = \theta(l) - \theta(0) \qquad (10\text{-}38)$$

式中：$\varphi(l)$ 为 $[0, 2\pi]$ 上的周期函数；$\varphi(l)$ 的变化规律可以用来描述封闭曲线 γ 的形状。若用傅里叶级数展开，那么展开式中的系数可用来描述区域边界的形状特征。

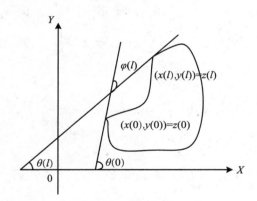

图10-23 傅里叶描述图解

为此引入新的变量 t，令

$$l = \frac{Lt}{2\pi} \qquad (10\text{-}39)$$

则 $l \in [0, l]$，$t \in [0, 2\pi]$。定义：

$$\varphi^*(t) = \varphi\left(\frac{Lt}{2\pi}\right) + t \qquad (10\text{-}40)$$

那么 $\varphi^*(t)$ 为 $[0,2\pi]$ 上的周期函数，且 $\varphi^*(0)=\varphi^*(2\pi)=0$ 。 $\varphi^*(t)$ 在封闭曲线 γ 平移和旋转条件下均不变，并且 $\varphi^*(t)$ 与封闭曲线 γ 是一一对应的关系。由于 $\varphi^*(t)$ 为周期函数，可用傅里叶级数描述，在 $[0,2\pi]$ 上展开成傅里叶级数为

$$\varphi^*(t)=a_0+\sum_{k=1}^{\infty}a_k\cos kt+b_k\sin kt \qquad (10\text{-}41)$$

其中

$$a_0=\frac{1}{2\pi}\int_0^{2\pi}\varphi^*(t)\mathrm{d}t$$

$$a_n=\frac{1}{\pi}\int_0^{2\pi}\varphi^*(t)\cos nt\mathrm{d}t$$

$$b_n=\frac{1}{\pi}\int_0^{2\pi}\varphi^*(t)\sin nt\mathrm{d}t$$

式中： $n=1,2,\cdots$ 。

数字图像上曲线 γ 是由多边形折线的逼近构成的，假设曲线 γ 的折线有 m 个顶点 $v_0,v_1,v_2,\cdots,v_{m-1}$ ，且该多边形边长 $v_{i-1}v_i$ 的长度为 $\Delta l_i(i=1,2,\cdots,m)$ ，则它的周长 $L=\sum_{i=1}^{m}\Delta l_i$ ，令 $\lambda=\frac{L_t}{2\pi}$ ，那么曲线的傅里叶级数的系数分别为

$$a_0=\frac{1}{2\pi}\int_0^{2\pi}\varphi^*(t)\mathrm{d}t=\frac{1}{L}\int_0^{L}\varphi(\lambda)\mathrm{d}\lambda+\pi=-\pi-\frac{1}{L}\sum_{k=1}^{n}l_k(\varphi_k-\varphi_{k-1})$$

$$a_n=\frac{2}{L}\int_0^{l}[\varphi(\lambda)+\frac{2\pi\lambda}{L}]\cos\frac{2\pi n\lambda}{L}\mathrm{d}\lambda$$

$$=\frac{2}{L}\sum_{k=0}^{n-1}[\varphi(\lambda)+\frac{2\pi\lambda}{L}]\cos\frac{2\pi n\lambda}{L}$$

$$=-\frac{1}{\pi n}\sum_{k=0}^{n-1}(\varphi_k-\varphi_{k-1})\sin\frac{2\pi nl_k}{L}$$

$$b_n=\frac{1}{\pi n}\sum_{k=1}^{n}(\varphi_k-\varphi_{k-1})\cos\frac{2\pi nl_k}{L}$$

$$(10\text{-}42)$$

式中： $n=1,2,\cdots$ 。傅里叶描述算子是区域外形边界变换的一种经典方法，在二维和三维的形状分析中起着重要的作用，并且在手写体数字和机

械零件的形状识别中获得成功。

（2）区域边界的Hough变换和广义Hough变换

Hough变换和广义Hough变换的目的是寻找一种从区域边界到参数空间的变换，用大多数边界点满足的变换参数来描述这个区域的边界。对于区域边界由于噪声干扰或一个目标被另一个目标遮盖而引起的边界发生某些间断的情形，Hough变换和广义Hough变换是一种行之有效的形状分析工具。

（3）区域边界的多项式逼近

区域的边界可以表示成下列点的集合：

$$\{(x_i, \gamma_i), i = 1, 2, \cdots, m\}$$
（10-43）

(x_i, γ_i) 和 (x_{i+1}, γ_{i+1}) 是沿着边界的相邻点，如图10-24所示。

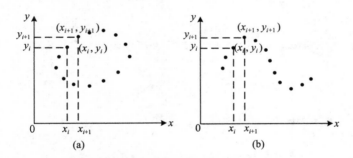

图 10-24　边界和骨架的多项式逼近

在 $x - \gamma$ 平面上用 n 阶多项式

$$p_n(x) = \sum_{k=0}^{n} a_k x^k \tag{10-44}$$

来逼近式(10-44)的点集合。根据最小二乘估计求得 a_i。从变换的观点看，$x - \gamma$ 平面上区域的边界经 n 阶多项式的最小二乘方逼近(变换)，得到了作为区域外形形状特征的多项式系数估计 $a_0, a_1, a_2, \cdots, a_n$。

10.4 OpenCV 实现

10.4.1 腐蚀

增加一个按钮（Caption：腐蚀；ID：IDC_Erode），并为其添加消息响应函数，实现图像的腐蚀，代码如下：

```
IplImage *g_src,*dst;
g_src=cvCreateImage(cvGetSize(m_ipl),IPL_DEPTH_8U,1);
cvCvtColor(m_ipl,g_src,CV_RGB2GRAY);
dst=cvCreateImage(cvGetSize(g_src),IPL_DEPTH_8U,1);

IplConvKernel* M;
M=cvCreateStructuringElementEx(3,3,0,0,CV_SHAPE_RECT);//创建结构
元素

cvErode(g_src,dst,M);//对图像进行腐蚀

cvNamedWindow("腐蚀后图像");
cvShowImage("腐蚀后图像", dst);
cvWaitKey(0);

cvReleaseStructuringElement(&M);
cvReleaseImage(&g_src);
cvReleaseImage(&dst);
```

1. cvCreateStructuringElementEx

IplConvKernel* cvCreateStructuringElementEx(int cols, int rows, int anchor_x, int anchor_y, int shape, int* values=NULL); //创建结构元素

cols：结构元素的列数目。

rows：结构元素的行数目。

anchor_x：锚点的相对水平偏移量。

anchor_y：锚点的相对垂直偏移量。

shape：结构元素的形状，可以是下列值。

CV_SHAPE_RECT, 长方形元素；

CV_SHAPE_CROSS, 交错元素a cross-shaped element；

CV_SHAPE_ELLIPSE, 椭圆元素；

CV_SHAPE_CUSTOM, 用户自定义元素。这种情况下参数 values 定义了 mask, 即像素的那个邻域必须考虑。

values: 指向结构元素的指针，它是一个平面数组，表示对元素矩阵逐行扫描（非零点表示该点属于结构元）。如果指针为空，则表示平面数组中的所有元素都是非零的，即结构元是一个长方形(该参数仅仅当 shape 参数是 CV_SHAPE_CUSTOM 时才予以考虑)。

函数 cv CreateStructuringElementEx 分配和填充结构 IplConvKernel, 它可作为形态操作中的结构元素。

2. cvErode

void cvErode(const CvArr* src, CvArr* dst, IplConvKernel* element=NULL, int iterations=1); //使用任意结构元素腐蚀图像

src：输入图像。

dst：输出图像。

element：用于腐蚀的结构元素。若为 NULL, 则使用3×3长方形的结构元素。

iterations : 腐蚀的次数。

函数 cvErode 对输入图像使用指定的结构元素进行腐蚀，该结构元素决定每个具有最小值象素点的邻域形状：

dst=erode(src,element): dst(x,y)=min((x',y') in element))src(x+x',y+y')

腐蚀可以重复进行(iterations) 次。对彩色图像，每个彩色通道单独处理。

运行结果如下图10-25所示。

图10-25　腐蚀运算结果

10.4.2 膨胀

增加一个按钮（Caption：膨胀；ID：IDC_Dilate），并为其添加消息响应函数，实现图像的腐蚀，代码如下：

```
IplImage *g_src,*dst;
g_src=cvCreateImage(cvGetSize(m_ipl),IPL_DEPTH_8U,1);
cvCvtColor(m_ipl,g_src,CV_RGB2GRAY);
dst=cvCreateImage(cvGetSize(g_src),IPL_DEPTH_8U,1);
IplConvKernel* M;
M=cvCreateStructuringElementEx(3,3,0,0,CV_SHAPE_RECT);//创建结构
元素
cvDilate(g_src,dst,M);
cvNamedWindow("膨胀后图像");
cvShowImage("膨胀后图像", dst);
cvWaitKey(0);
cvReleaseStructuringElement(&M);
cvReleaseImage(&g_src);
```

cvReleaseImage(&dst);

void cvDilate(const CvArr* src, CvArr* dst, IplConvKernel* element=NULL, int iterations=　　　1);

使用任意结构元素腐蚀图像

src:输入图像。

dst:输出图像。

element:用于膨胀的结构元素。若为NULL，则使用3×3长方形的结构元素。

iterations :腐蚀的次数。

函数cvErode对输入图像使用指定的结构元素进行腐蚀，该结构元素决定每个具有最大值象素点的邻域形状：

dst=dilate(src,element): dst(x,y)=max((x',y') in element))src(x+x',y+y')

膨胀可以重复进行(iterations) 次。 对彩色图像，每个彩色通道单独处理。

运行结果如图10-26所示。

图10-26　膨胀运算结果

10.4.3 开运算和闭运算

开闭运算使用相同函数，只是参数不同，这儿以开运算为例。增加一个按钮（Caption：开运算；ID：IDC_MOpen），并为其添加消息响应函数，实现开运算，代码如下：

```
IplImage *g_src,*dst;

g_src=cvCreateImage(cvGetSize(m_ipl),IPL_DEPTH_8U,1);

cvCvtColor(m_ipl,g_src,CV_RGB2GRAY);

dst=cvCreateImage(cvGetSize(g_src),IPL_DEPTH_8U,1);

IplConvKernel* M;

M=cvCreateStructuringElementEx(3,3,0,0,CV_SHAPE_RECT);//创建结构
元素

cvMorphologyEx(g_src,dst,NULL,M,CV_MOP_OPEN);//开 运 算 ， 将
CV_MOP

_OPEN参数替换为CV_MOP_CLOSE即可实现闭运算

cvNamedWindow("开运算后图像");

cvShowImage("开运算后图像", dst);

cvWaitKey(0);

cvReleaseStructuringElement(&M);

cvReleaseImage(&g_src);

cvReleaseImage(&dst);
```

```
void cvMorphologyEx( const CvArr* src, CvArr* dst, CvArr* temp, IplConvKernel* el-
ement, int operation, int iterations=1 );
```

高级形态学变换,具体参数如下:

src:输入图像。

dst:输出图像。

temp:临时图像,某些情况下需要。

element:结构元素。

operation:形态操作的类型如下。

CV_MOP_OPEN–开运算

CV_MOP_CLOSE-闭运算

CV_MOP_GRADIENT-形态梯度

CV_MOP_TOPHAT-"顶帽"

CV_MOP_BLACKHAT-"黑帽"

iterations:膨胀和腐蚀次数。

函数cvMorphologyEx在膨胀和腐蚀基本操作的基础上,完成一些高级的形态变换:

开运算

dst=open(src,element)=dilate(erode(src,element),element)

闭运算

dst=close(src,element)=erode(dilate(src,element),element)

形态梯度

dst=morph_grad(src,element)=dilate(src,element)-erode(src,element)

"顶帽"

dst=tophat(src,element)=src-open(src,element)

"黑帽"

dst=blackhat(src,element)=close(src,element)-src

临时图像temp在形态梯度以及对"顶帽"和"黑帽"操作时的in-place模式下需要。

运行结果如图10-27所示。

图10-27 开运算结果

第11章 彩色图像处理

前面讨论了一些关于图像处理的方法，其主要是针对灰度图像进行的处理，然而大千世界中的物体五彩斑斓，大多数图像都具有丰富多彩的色彩。彩色图像提供了比灰度图像更丰富的信息，人眼对彩色图像的视觉感受比对黑白或灰度图像的感受丰富得多。为了更有效地增强或者复原图像，在数字图像处理中广泛应用了彩色处理技术。图像处理中色彩的运用主要出于以下两个因素：①颜色是一个强有力描绘子，它常常可简化目标的区分及从场景中抽取目标；②人眼可以辨别几千种颜色色调和亮度，而相比之下只能分辨出几十种灰度层次。第二个因素对人工图像分析特别重要。因此，彩色图像处理受到了越来越多的关注。

彩色图像处理中，被处理的图像一般是从全彩色传感器获得，如彩色摄像机、彩色照相机或彩色扫描仪。而随着图像获取、输出设备性能的不断提高和价格的不断下降，利用计算机等设备进行彩色图像处理的应用日益广泛，包括印刷、可视化和互联网应用等。

这一章在介绍色度学基础和颜色模型的基础上，对彩色图像的颜色变换、平滑和锐化、分割等常用方法进行讨论。

11.1 色度学基础和颜色模型

颜色模型又称为色彩模型，是指某个三维颜色空间中的一个可见光子集，它包含某个颜色域的所有颜色。例如，RGB 颜色模型就是三维直角坐标颜色系统的一个单位正方体。颜色模型的用途是在某个颜色域内方便地指定颜色，由于每一个颜色域都是可见光的子集，所以任何一个颜色模型都无法包含所有的可见光。在大多数的彩色图形显示设备一般都是使用红、绿、蓝三原色，我们的真实感图形学中主要的颜色模型也是 RGB 模型，但是红、绿、蓝颜色模型用起来不太方便，它与直观的颜色概念如色调、饱和度和亮度等没有直接的联系。所以为了科学地定量描述和实用颜色，出现了各种各样的颜色模型。

为了用计算机来表示和处理颜色，必须采用定量的方法来描述颜色，即建立颜色模型。目前广泛使用的颜色模型有三类：计算颜色模型、工业颜色模型、视觉颜色模型。计算颜色模型又称为色度学颜色模型，主要应用于纯理论研究和计算推导，计算颜色模型有 CIE 的 RGB、XYZ、Luv、LCH、LAB、UCS、UVW 等；工业颜色模型侧重于实际应用的实现技术，包括赛色显示系统、彩色传输系统及电视传播系统等，如印刷中用的 CMYK 模型、电视系统用的 YUV 模型、用于彩色图像压缩的 YCbCr 模型等；视觉颜色模型是指与人眼对颜色感知的视觉模型相似的模型，它主要用于侧赛的理解，常见的有 HSL 模型、HSV 模型和 HSI 模型等。

1. HSV 颜色模型（图 11-1）

每一种颜色都是由色相（Hue，H）、饱和度（Saturation，S）和色明度（Value，V）所表示的。HSV 模型对应于圆柱坐标系中的一个圆锥形子集，圆锥的顶面对应于 $V=1$。它包含 RGB 模型中的 $R=1$，$G=1$，$B=1$ 三个面，所代表的颜色较亮。色彩 H 由绕 V 轴的旋转角给定。红色对应于角度 0°，绿色对应于角度 120°，蓝色对应于角度 240°。在 HSV 颜色模型中，每一种颜色和它的补色相差 180°。饱和度 S 取值从 0~1，所以圆锥顶面的半径

为1。HSV 颜色模型所代表的颜色域是 CIE 色度图的一个子集，这个模型中

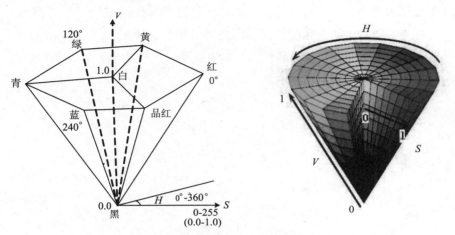

图 11-1　HSV 颜色模型

饱和度为百分之百的颜色，其纯度一般小于百分之百。在圆锥的顶点(即原点)处，$V=1$，H 和 S 无定义，代表黑色。圆锥的顶面中心处 $S=1$，$V=1$，H 无定义，代表白色。从该点到原点代表亮度渐暗的灰色，即具有不同灰度的灰色。对于这些点，$S=0$，H 的值无定义。可以说，HSV 模型中的 V 轴对应于 RGB 颜色空间中的主对角线。在圆锥顶面的圆周上的颜色，$V=1$，$S=1$，这种颜色是纯色。HSV 模型对应于画家配色的方法。画家用改变色浓和色深的方法从某种纯色获得不同色调的颜色，在一种纯色中加入白色以改变色浓，加入黑色以改变色深，同时加入不同比例的白色，黑色即可获得各种不同的色调。

2. HSI 颜色模型(图 11-2)

HSI 模型是美国色彩学家孟塞尔（H. A. Munseu）于 1915 年提出的。它是从人的视觉系统出发，用颜色的三个特征色调（Hue）、色饱和度（Saturation）和亮度（Intensity）来描述色彩。

色调或色品 H：表示人的感官对不同颜色的感受，与光波的波长有关，光谱不同波长的辐射在色觉上表现为不同的色调，如红、绿、蓝等。自发光体的色调取决于它本身光辐射的光谱组成。非发光体的色调取决于照明光源的光谱组成和该物体的光谱反射或透射特性。

饱和度或色纯度 S：表示颜色的"纯度"。纯光谱色是完全饱和的，加入白光会稀释饱和度。饱和度越大，颜色看起来就会越鲜艳；反之亦然。也就是说纯的光谱色的饱和度最高，白光的饱和度最低。

亮度或明度 I：表示某种颜色的光对人眼所引起的视觉强度，是颜色的明亮程度。它与光的辐射功率有关。

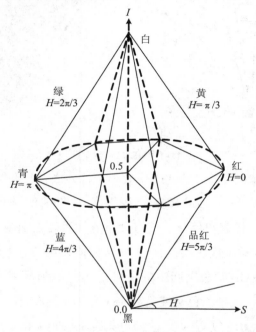

图11-2 HSI颜色模型

HSI模型的建立基于两个重要的事实：第一，I 分量与图像的彩色信息无关；第二，H 和 S 分量与人感受颜色的方式是紧密相关的。这些特点使得HSI模型非常适合彩色特性检测与分析。

HSI色彩空间可以用双六棱锥来描述。I 是亮度轴，色调 H 的角度范围为 $[0,2\pi]$，其中纯红色的角度为0，纯绿色的角度为 $2\pi/3$，纯蓝色的角度是 $4\pi/3$。饱和度 S 是颜色空间任一点距 I 轴的距离。用这种描述HSI色彩空间的棱锥模型相当复杂，但却能把色调、亮度和色饱和度的变化情形表现得很清楚。

由于人的视觉对亮度的敏感程度远强于对颜色浓淡的敏感程度，为了便于色彩处理和识别，人的视觉系统经常采用HSI色彩空间，它比RGB色彩空间更符合人的视觉特性。在图像处理和计算机视觉中大量算法都可在HSI色彩空间中方便地使用，它们可以分开处理而且是相互独立的。因此，在HSI色彩空间可以大大简化图像分析和处理的工作量。HSI色彩空间和RGB色彩空间只是同一物理量的不同表示法，因而它们之间存在着转换关系。

3. RGB颜色模型（图11-3）

RGB（Red, Green, Blue）颜色模型采用CIE规定的三基色构成表色系统。自然界的任意一个颜色都可以通过这三种基色按照不同的比例混合而成。它是我们使用最多、最熟悉的颜色模型。它采用三维直角坐标系。红、绿、蓝原色是加性原色，各个原色混合在一起可以产生复合色。

设颜色传感器把数字图像上的一个像素编码成(R,G,B)，每个分量量化范围为 [0,255] 共 256 级，因此 RGB 模型可以表示 $2^8 \times 2^8 \times 2^8 = 256 \times 256 \times 256 \approx 1670$ 万种颜色，这足以表示自然界的任意颜色，所以又称为24位真彩色。

一幅图像中的每一个像素点均被赋予不同的RGB值，变可以形成真彩色图像。RGB颜色模型通常采用图11-3所示的单位立方体来表示。在正方体的主对角线上，各原色的强度相等，产生由暗到明的白色，也就是不同的灰度值。（0，0，0）为黑色，（255，255，255）为白色。正方体的其他六个角点分别为红、黄、绿、青、蓝和品红。

RGB颜色模型称为与设备相关的颜色模型，RGB颜色模型所覆盖的颜色域取决于显示设备荧光点的颜色特性，是与硬件相关的。RGB颜色模型通常使用于彩色阴极射线管等彩色光栅图形显示设备中，彩色光栅图形的显示器都使用R、G、B数值来驱动R、G、B电子枪发射电子，并分别激发荧光屏上的R、G、B三种颜色的荧光粉发出不同亮度的光线，并通过相加混合产生各种颜色；扫描仪也是通过吸收原稿经反射或透射而发送来的光线中的R、G、B成分，并用它来表示原稿的颜色。

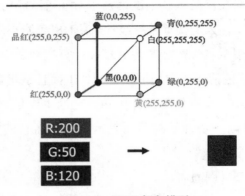

图11-3　RGB颜色模型

4. CMYK颜色模型

CMYK（Cyan, Magenta, Yellow）颜色空间应用于印刷工业，印刷业通过青(C)、品(M)、黄(Y)三原色油墨的不同网点面积率的叠印来表现丰富多彩的颜色和阶调，这便是三原色的CMY颜色空间。实际印刷中，一般采用青(C)、品(M)、黄(Y)、黑(BK)四色印刷，在印刷的中间调至暗调增加黑版。当红绿蓝三原色被混合时，会产生白色，但是当混合蓝绿色、紫红色

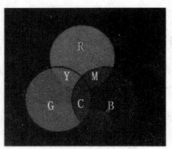

图11-4　CMYK与RGB的关系

和黄色三原色时会产生黑色。既然实际用的墨水并不会产生纯正的颜色，黑色是包括在分开的颜色，而这模型称为CMYK。CMYK颜色空间是和设备或者是印刷过程相关的，则工艺方法、油墨的特性、纸张的特性等，不同的条件有不同的印刷结果，所以CMYK颜色空间称为与设备有关的表色空间。而且，CMYK具有多值性，也就是说对同一种具有相同绝对色度的颜色，在相同的印刷过程前提下，可以用分种CMYK数字组合来表示和印

刷出来。这种特性给颜色管理带来了很多麻烦，同样也给控制带来了很多的灵活性。在印刷过程中，必然要经过一个分色的过程，所谓分色就是将计算机中使用的RGB颜色转换成印刷使用的CMYK颜色。在转换过程中存在着两个复杂的问题：其一是这两个颜色模型在表现颜色的范围上不完全一样，RGB的色域较大而CMYK则较小，因此就要进行色域压缩；其二是这两个颜色都是和具体的设备相关的，颜色本身没有绝对性。因此就需要通过一个与设备无关的颜色模型来进行转换，即可以通过XYZ或LAB色空间来进行转换。

5. 其他颜色模型

1）HSL颜色模型

HSL（Hue, Saturation, Lightness）颜色模型，这个颜色模型都是用户台式机图形程序的颜色表示，用六角形锥体表示自己的颜色模型。

2）HSB颜色模型

HSB（Hue, Saturation, Brightness）颜色模型，这个颜色模型都是用户台式机图形程序的颜色表示，用六角形锥体表示自己的颜色模型。

3）Ycc颜色模型

柯达发明的颜色模型，由于PhotoCd在存储图像的时候要经过一种模式压缩，所以 PhotoCd采用了Ycc颜色模型，Ycc空间将亮度作为它的主要组件，具有两个单独的颜色通道，采用Ycc颜色模型 来保存图像，可以节约存储空间。

4）CIE XYZ颜色模型

国际照明委员会(CIE)进行了大量正常人视觉测量和统计，1931年建立了"标准色度观察者"，从而奠定了现代CIE标准色度学的定量基础。由于"标准色度观察者"用来标定光谱色时出现负刺激值，计算不便，也不易理解，因此1931年CIE在RGB系统基础上，改用三个假想的原色 X、Y、Z 建立了一个新的色度系统。这一系统称为"CIE1931标准色度系统"或"CIE XYZ色度系统"。CIEXYZ颜色模型中 X、Y、Z 分别表示三种标准原色。对于可见光中的任一个颜色 F，可以设置一组权值使

$$F = x*X + y*Y + z*Z \qquad (11-1)$$

式中：x、y、z 称为标准记色系统下的色度坐标，表示为

$$x = \frac{X}{X+Y+Z}, y = \frac{Y}{X+Y+Z}, z = \frac{Z}{X+Y+Z}, x+y+z \equiv 1 \qquad (11\text{-}2)$$

5）Lab颜色模型

Lab颜色模型是由CIE(国际照明委员会)于1976年制定的一种色彩模式。自然界中任何一点色都可以在Lab空间中表达出来，它的色彩空间比RGB空间还要大，这就意味着RGB以及CMYK所能描述的色彩信息在Lab空间中都能得以影射。

Lab颜色模型取坐标 Lab ，其中 L 表示亮度活光亮度分量； a 在正向数值越大表示越红色，负向的数值越大则表示越绿； b 在正向数值越大表示越黄，在负向的数值越大表示越蓝。

Lab这种模式是以数字化方式来描述人的视觉感应，与设备无关，无论使用何种设备（如显示器、打印机、计算机或扫描仪）创建或者输出图像，这种模型都能生成一致的颜色。所以它弥补了RGB和CMYK模式必须依赖于设备色彩特性的不足。

6）YUV颜色模型

在现代彩色电视系统中，通常采用三管彩色摄像机或彩色CCD（点耦合器件）摄像机，它把摄得的彩色图像信号，经分色、分别放大校正得到RGB，再经过矩阵变换电路得到亮度信号 Y 和两个色差信号 $R-Y$ 、$B-Y$ ，最后发送端将亮度和色差三个信号分别进行编码，用同一信道发送出去。这就是我们常用的YUV色彩空间。采用YUV色彩空间的重要性是它的亮度信号 Y 和色度信号 U 、V 是分离的。如果只有 Y 信号分量而没有 U 、V 分量，那么这样表示的图就是黑白灰度图。彩色电视采用YUV空间正是为了用亮度信号 Y 解决彩色电视机与黑白电视机的兼容问题，使黑白电视机也能接收彩色信号。根据美国国家电视制式委员会，NTSC制式的标准，当白光的亮度用 Y 来表示时，它和红、绿、蓝三色光的关系可用如下的方程描述：

$$Y = 0.3R + 0.59G + 0.11B$$

这就是常用的亮度公式。色差 U 、V 是由 $B-Y$ 、$R-Y$ 按不同比例压缩而成的。如果要由YUV空间转化成RGB空间，只要进行 相反的逆运算即可。与YUV色彩空间类似的还有Lab色彩空间，它也是用亮度和色差来描述色彩分量，其中L为 亮度、a和b分别为各色差分量。

6. 颜色模型之间的转换

前面介绍了各种颜色模型，在不同的应用场合需要采用不同的表示方法，所以很多场合需要各个颜色模型间进行转换。

1）RGB和CIE XYZ之间的转换

（1）RGB ↔ CIE XYZ REC601：

$$\begin{bmatrix} X \\ Y \\ Z \end{bmatrix} = \begin{bmatrix} 0.607 & 0.174 & 0.201 \\ 0.299 & 0.587 & 0.114 \\ 0.000 & 0.066 & 1.117 \end{bmatrix} * \begin{bmatrix} R \\ G \\ B \end{bmatrix} \tag{11-3}$$

$$\begin{bmatrix} R \\ G \\ B \end{bmatrix} = \begin{bmatrix} 1.910 & -0.532 & -0.288 \\ -0.985 & 1.999 & -0.028 \\ 0.058 & -0.118 & 0.898 \end{bmatrix} * \begin{bmatrix} X \\ Y \\ Z \end{bmatrix} \tag{11-4}$$

（2）RGB ↔ CIE XYZ REC709：

$$\begin{bmatrix} X \\ Y \\ Z \end{bmatrix} = \begin{bmatrix} 0.412 & 0.358 & 0.180 \\ 0.213 & 0.715 & 0.072 \\ 0.019 & 0.119 & 0.950 \end{bmatrix} * \begin{bmatrix} R \\ G \\ B \end{bmatrix} \tag{11-5}$$

$$\begin{bmatrix} R \\ G \\ B \end{bmatrix} = \begin{bmatrix} 3.241 & -1.537 & -0.499 \\ -0.969 & 1.876 & -0.042 \\ 0.056 & -0.204 & 1.057 \end{bmatrix} * \begin{bmatrix} X \\ Y \\ Z \end{bmatrix} \tag{11-6}$$

2）RGB和CMYK之间的转换

（1）RGB → CMYK：

$$\begin{cases} K = \min(1 - R, 1 - G, 1 - B) \\ C = (1 - R - K) / (1 - K) \\ M = (1 - G - K)/(1 - K) \\ Y = (1 - B - K) / (1 - K) \end{cases} \tag{11-7}$$

（2）CMYK → RGB：

$$\begin{cases} R = 1 - \min(1, C*(1 - K) + K) \\ G = 1 - \min(1, M*(1 - K) + K) \\ B = 1 - \min(1, Y*(1 - K) + K) \end{cases} \tag{11-8}$$

3）RGB和HSI之间的转化

（1）RGB → HSI：

$$r = \frac{R}{R+G+B}, \quad g = \frac{G}{R+G+B}, b = \frac{B}{R+G+B} \tag{11-9}$$

$$h = \begin{cases} \theta, & g \geq b \\ 2\pi - \theta, & g < b \end{cases}, \quad h \in [0, 2\pi]$$

$$s = 1 - 3\min(r, g, b), \quad s \in [0, 1] \tag{11-10}$$

$$i = \frac{R+G+B}{3 \times 255}, i \in [0, 1]$$

其中

$$\theta = \arccos\left\{ \frac{\frac{(r-g)+(r-b)}{2}}{[(r-g)^2 + (r-b)(g-b)]^{1/2}} \right\} \tag{11-11}$$

（2）HSI → RGB：

$$\begin{cases} b = i(1-s) \\ r = i[1 + \frac{sc\,o\,sh}{\cos(60° - h)}], & 0 \leq h < \frac{2\pi}{3} \\ g = 3i - (b+r) \end{cases} \tag{11-12}$$

$$\begin{cases} h = h - \frac{2\pi}{3} \\ r = i(1-s) \\ g = i[1 + \frac{sc\,o\,sh}{\cos(60° - h)}] \\ b = 3i - (g+r) \end{cases}, \frac{2\pi}{3} \leq h < \frac{4\pi}{3} \tag{11-13}$$

$$\begin{cases} h = h - \frac{4\pi}{3} \\ g = i(1-s) \\ b = i[1 + \frac{sc\,o\,sh}{\cos(60° - h)}] \\ r = 3i - (b+g) \end{cases}, \frac{4\pi}{3} \leq h < 2\pi \tag{11-14}$$

4）RGB 和 YUV 之间的转换

$$\begin{bmatrix} Y \\ U \\ V \end{bmatrix} = \begin{bmatrix} 0.299 & 0.587 & 0.114 \\ -0.148 & -0.289 & -0.437 \\ 0.615 & 0.515 & -0.100 \end{bmatrix} * \begin{bmatrix} R \\ G \\ B \end{bmatrix} \qquad (11\text{-}15)$$

$$\begin{bmatrix} R \\ G \\ B \end{bmatrix} = \begin{bmatrix} 1 & 0 & 1.140 \\ 1 & -0.395 & -0.581 \\ 1 & 2.032 & 0 \end{bmatrix} * \begin{bmatrix} Y \\ U \\ V \end{bmatrix} \qquad (11\text{-}16)$$

5）RGB 和 YcbCr 之间的转换

JPEG 采用的颜色模型是 YCbCr。它是从 YUV 颜色模型衍生来的。其中 Y 指亮度，而 Cb 和 Cr 是将 U 和 V 做少量的调整得来的。

$$\begin{bmatrix} Y \\ Cb \\ Cr \\ 1 \end{bmatrix} = \begin{bmatrix} 0.2990 & 0.5870 & 0.1140 & 0 \\ -0.1687 & -0.3313 & 0.5000 & 128 \\ 0.5000 & -0.4187 & -0.0813 & 128 \\ 0 & 0 & 0 & 1 \end{bmatrix} * \begin{bmatrix} R \\ G \\ B \end{bmatrix} \qquad (11\text{-}17)$$

$$\begin{bmatrix} R \\ G \\ B \end{bmatrix} = \begin{bmatrix} 1 & 1.40200 & 0 \\ 1 & -0.34414 & -0.71414 \\ 1 & 1.77200 & 0 \end{bmatrix} * \begin{bmatrix} Y \\ Cb - 128 \\ Cr - 128 \end{bmatrix} \qquad (11\text{-}18)$$

11.2 颜色变换

在这一节我们来介绍颜色变换技术，是指在单一彩色模型的范围中处理彩色图像分量，而不是在本章第一节中介绍的不同模型间那些分量的转换。对彩色图像进行颜色变化，可以实现对彩色图像的增强处理，改善视觉效果，为进一步处理奠定基础。

1. 基本变换

用下式表达颜色变换的模型：

$$g(x,y) = T[f(x,y)] \qquad (11\text{-}19)$$

式中：$f(x,y)$ 是彩色输入图像；$g(x,y)$ 是变换或者处理过的彩色输出图像；T 是空间邻域 $(x，y)$ 上对 f 的操作。这里像素值是从彩色空间选择的3元组或者4元组。

而彩色分量的处理过程在这里描述为

$$s_i = T_i(r_1, r_2, \cdots, r_n), i = 1, 2, \cdots, n \qquad (11\text{-}20)$$

式中： s_i 和 r_i 分别是 $g(x,y)$ 和 $f(x,y)$ 在图像中任一点的彩色分量值，$\{T_1, T_2, \cdots, T_n\}$ 是一个对 r_i 操作产生 s_i 的变化或者映射函数集。所选择的用于变换的 f 和 g 的彩色空间决定了 n 值，例如如果选择 RGB 空间，则 $n = 3$，r_1, r_2, r_3 分别表示输入图像的红、绿、蓝分量；而如果选择 CMKY 和 HSI 空间，则 $n = 4$ 或者 $n = 3$。

例如，要改变图像的亮度，可使用：

$$g(x,y) = k[f(x,y)] \qquad (11\text{-}21)$$

式中： k 为改进亮度常数，$0 < k < 1$。

在 HSI 模型中，其变换为

$$s_i = kr_i \qquad (11\text{-}22)$$

在 RGB 模型中，其变换为

$$s_i = kr_i \qquad (11\text{-}23)$$

式（11-22）和式（11-23）中定义的每个变换，都只依赖于其彩色模型中的一个分量。例如，红色输出分量 S 在式（11-23）中独立于蓝色和绿色输入分量，这类变换是最简单和最常用的彩色处理工具，并可以每个彩色分量为基础进行，但是有些变化函数会依赖所有的输入分量。

理论上式（11-20）可用于任何颜色模型，然而，某一特定变换对于特定的颜色模型会比较适用。图11-5所示为直方图均衡化处理结果，若采用 HSI 模型，通过对 I 进行处理，得到的结果正常；而如果采用 RGB 模型分别对三通道进行处理，则会产生畸变——偏色现象。

（a）原图像

（b）HSI模型

（c）RGB模型

图11-5 彩色图像直方图均衡化处理效果

2. 直方图处理

在数字图像处理中，直方图是最简单而且最有效的工具，通过直方图均衡化、归一化等处理，可以对图像质量进行调整，对彩色图像而言，直方图仍然是一种有力的处理工具。

彩色直方图 h 定义为

$$h_{A,B,C}[r_1, r_2, r_3] = NP\{A = r_1, B = r_2, C = r_3\} \tag{11-24}$$

式中：A、B、C 为颜色通道；N 为图像的总像素数；P 为概率；r_1、r_2、r_3 为颜色值。将图像中的颜色进行量化后，再统计每种颜色出现的个数，便可得到彩色直方图。

若直接在式（11-24）获取图像的直方图，计算量会非常大。例如，RGB每个通道量化为8位，共有16777216种颜色。因此，要分别统计16777216种颜色在图像中出现的次数。实际应用中常采用如下几种方法实现彩色图像直方图的简化。

1）分通道彩色直方图

首先对彩色图像执行通道分离操作；然后对每个颜色通道进行直方图统计，获得各个通道的直方图。图11-6（b）是图11-6（a）的R、G、B三通道直方图。

利用分通道直方图，可以分析每个颜色分量在图像中的分布情况，从而完成对图像的进一步处理。

 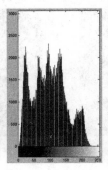 

（a）原图像　　（b）R 通道直方图　（c）G 通道直方图　（d）B 通道直方图

图 11-6　分通道彩色直方图

2）单变量彩色直方图

由于图像中的颜色数是有限的，因此可将式（11-26）中的多通道直方图转换为单通道直方图，转换公式为

$$m = a + N_A b + N_A N_B c \tag{11-25}$$

式中：N_A、N_B 分别为具有 A、B 分量的像素数。

单变量彩色直方图定义为

$$h(m) = N*P(M = m) \tag{11-26}$$

3）近似彩色直方图

对于 RGB 模型，创建彩色直方图的另一种简化方法是分别取 RGB 颜色通道的高两位拼成一个值，用该值代表一种颜色，统计其在图像中出现的次数，便可得到彩色图像的近似直方图。

该简化方法中，直方图的级别只有 $2^8 = 64$ 级，大大简化了直方图的创建过程和处理过程。

11.3　彩色图像增强

由于受到各种因素的制约或者条件限制，使得得到的彩色图像颜色偏暗、对比度比较低及某些局部信息不突出等。所以需要对彩色图像进行增强处理，其目的是突出图像中的有用信息，改善图像的视觉效果。这里的彩色图像增强方法包括彩色图像平衡和彩色增强。

彩色图像也会涉及空间滤波问题，对于这些处理，将灰度图像的空间滤波方法可以直接推广到彩色图像。但是为了保证处理后的图像不发生颜色几遍，应该注意各个颜色通道上的处理必须相同。这节来看一下RGB模型彩色图像的平滑和锐化处理。

1. 彩色平衡

当一幅彩色图像数字化后，在显示时颜色经常看起来有些不正常。这是因为色通道的不同敏感度、增光因子、偏移量等因素会导致数字化中的三个图像分量出现不同的线性变换，使结果图像的三原色"不平衡"，从而造成图像中所有物体的颜色都偏离其原有的真实色彩。最突出的现象就是那些本来是灰色的物体有了颜色。将其校正的过程就是彩色平衡。

彩色平衡的基本原理是通过调整 R、G、B 分量的比例，使得本来应该是白色的像素的颜色分量保持平衡。

彩色平衡的基本步骤如下：

（1）求出图像中的最大亮度 $Y_{\max}$ 和平均亮度 $\bar{Y}$；

（2）找出大于或等于 $0.95Y_{\max}$ 的所有像素，假定这些点为白色点，求出它们的颜色分量平均值 $\bar{R}$、$\bar{G}$、$\bar{B}$；

（3）计算颜色调整系数：$k_R = \dfrac{\bar{Y}}{\bar{R}}, k_G = \dfrac{\bar{Y}}{\bar{G}}, k_B = \dfrac{\bar{Y}}{\bar{B}}$；

（4）调整整幅图像的红、绿、蓝分量：$R* = k_R R, G* = k_G G, B* = k_B B$。

图11-7显示了对一幅图像进行彩色平衡之后的效果图。

（a）原图像   （b）彩色平衡后的图像

图11-7 彩色平衡效果图

2. 彩色增强

彩色增强的目的是使处理后的彩色图像有更好的效果，更适合于后续的研究和分析。

通过分别对彩色图像的 R 、 G 、 B 三个分量进行处理，可以对单色图像进行彩色增强，从而达到对彩色图像进行彩色增强的目的。需要注意的是，在对三色彩色图像的 R 、 G 、 B 分量进行操作时，必须避免破坏彩色平衡。如果在HSI模型的图像上操作，实际上在许多情况下，强度分量可以不看做是单一图像，而是包含在色调和饱和度分量中的彩色信息被不加改变地保留下来。

对饱和度的增强可以通过将每个像素的饱和度乘以一个大于1的常数，这样会使图像的彩色更为鲜明；相反，如果乘以一个小于1的常数可以来减弱彩色的鲜明程度。可以在饱和度图像分量中使用非线性点操作，只要变换函数在原点为0。不过，变化饱和度接近0的像素可能破坏彩色平衡。

由前面的介绍可知，色调是一个角度，因此可以通过给每一个像素的色调加一个常数来改变颜色的效果。加减一个小的角度只会使彩色图像变得相对"冷"色调或者"暖"色调，而加减更大的角度会使图像有剧烈的变化。由于色调是用角度表示的，处理时就必须考虑灰度级的"周期性"，例如，在8位/像素的情况下，有255+1=0和0-1=255。

例11.1　彩色图像平滑滤波

平滑可以使图像模糊化，从而减少图像中的噪声。灰度图像的平滑可以通过Box模版操作来实现，可以推广到彩色图像平滑中。

在RGB模型中，每个像素有三个颜色分量 R 、 G 、 B 。设 c 为RGB坐标系中任一矢量，则

$$c = \begin{bmatrix} c_R \\ c_G \\ c_B \end{bmatrix} = \begin{bmatrix} R \\ G \\ B \end{bmatrix} \tag{11-27}$$

矢量 c 转化成像素位置 (x,y) 的函数，则

$$c = \begin{bmatrix} c_R(x,y) \\ c_G(x,y) \\ c_B(x,y) \end{bmatrix} = \begin{bmatrix} R(x,y) \\ G(x,y) \\ B(x,y) \end{bmatrix} \tag{11-28}$$

式中：$x = 0,1,2,\cdots,M-1$；$y = 0,1,2,\cdots,N-1$。对于一个 $M*N$ 的图像而言，有 MN 个这样的矢量。

利用Box模版对彩色图像利用下式进行平滑：

$$\bar{c}(x,y) = \frac{1}{M} \sum_{(i,j) \in S} c(i,j) \tag{11-29}$$

即

$$\bar{c}(x,y) = \begin{bmatrix} \dfrac{1}{M} \sum_{(i,j) \in S} R(i,j) \\ \dfrac{1}{M} \sum_{(i,j) \in S} G(i,j) \\ \dfrac{1}{M} \sum_{(i,j) \in S} B(i,j) \end{bmatrix} \tag{11-30}$$

式中：S 是以 (x,y) 为中心的邻域集合；M 为 S 内的像素点数。利用式 (11-30) 对图像中的像素进行邻域平均，就可以得到平滑后的图像。图 11-8 (b) 是对图11-8（a）用25×25的 Box模版进行平滑的结果。

（a）原图像　　　　　　　　（b）平滑后的图像

图11-8　利用Box模版对彩色图像进行平滑处理效果图

例11.2　彩色图像锐化

锐化的主要目的是为了突出图像的细节。彩色图像的锐化与平滑操作

要求和操作步骤相同，只是使用的是锐化模版。还是以 RGB 图像为例。这里使用经典的拉普拉斯模版进行锐化，计算公式为

$$\nabla^2[c(x,y)] = \begin{bmatrix} \nabla^2 R(x,y) \\ \nabla^2 G(x,y) \\ \nabla^2 B(x,y) \end{bmatrix} \tag{11-31}$$

对图 11-9（a）采用如下模版进行锐化，得到的处理结果如图 11-9（b）所示。

$$H = \begin{bmatrix} -1 & -1 & -1 \\ -1 & 8 & -1 \\ -1 & -1 & -1 \end{bmatrix} \tag{11-32}$$

（a）原图像 　　　　　　　　（b）锐化后的图像

图 11-9　彩色图像锐化效果图

11.4 彩色图像复原

彩色图像复原是对退化了的彩色图像进行处理，期望使图像回复成理想状态，以提高图像质量。

单色图像的复原技术可以推广到彩色图像处理中，即分别作用于 R、G、B 图像上。但是对于三色图像，还有一些需要注意的地方：

（1）细节在亮度上比在颜色上更加明显。

（2）当边缘的模糊影响亮度的时候，会比影响色调或者饱和度的时候具有更强的干扰。

（3）一定幅度的颗粒状随机噪声对亮度比对彩色的影响更明显。

（4）无论在强度还是颜色上，均匀表面上的颗粒状噪声与有强度对比度细节的区域中的同类噪声相比，人眼对前者的感觉更加敏锐。

考虑以上原则，进行彩色图像复原的方法如下：

（1）点操作：使用线性点操作来保证RGB图像在灰度级和彩色平衡方面都适合。

（2）颜色空间变换：将RGB空间变换到HSI空间。

（3）低通滤波：使用低通滤波器（或者中值滤波器），作用于色调和饱和度图像上，以减少物体中的随机彩色噪声。

（4）使用随空域位置变化的滤波方法来恢复强度图像。这一步既锐化了边缘，又增强了细节，同时减弱了平滑区域的颗粒状噪声。

（5）点操作：按要求对三个分量进行线性点操作，以保证灰度级的合理使用。

（6）颜色空间还原，变换回RGB空间。

例11.3 空域滤波图像复原

采用维纳滤波复原一幅运动模糊以及加入了高斯噪声的图像，运行结果如图11-10所示。

　　　（a）原图像　　　　　　　（b）运动模糊并加入噪声后的图像

（c）高斯噪声　　　　　　（d）采用维纳滤波复原后的图像

图11-10　空域滤波图像复原

11.5 彩色图像分析

彩色图像分析包括彩色图像补偿和彩色图像分割两部分。

1. 彩色补偿

在某些数字图像处理中，目标是分离出主要或完全颜色不同的各种类型的物体。例如，在荧光显微技术中，通常用彩色荧光染料对生物样本的不同成分着不同的颜色，在分析的时候需要分别显示这些物体，并且要保持它们之间正确的空间关系。

而由于常用的彩色成像设备具有较宽而且相互覆盖的光谱敏感区，加上待拍摄图像的染色是变化的，所以很难在三个分量图中将物体分离出来。一般而言，只有其中的两个对比度相对较弱，这种现象称为颜色扩散（colorspread）。通过数学运算，将颜色扩散的校正过程称为彩色补偿。

所以彩色补偿的算法思路是：将原本应该是纯红、纯绿、纯蓝色的像素点转换成理想的颜色，由此获得原图与补偿图之间的影射关系，最后用此影射关系处理所有的像素点。

彩色补偿算法步骤如下：

（1）读入拍摄到的具有颜色扩散的图像，在画面上找到主观视觉看是纯红、绿、蓝的点。设其三个颜色分量分别为 R、G、B。分别求出某个颜色分量与其他两个颜色分量之间的强度差，即

$$\begin{cases} e_R = (R-B) + (R-G) \\ e_G = (G-B) + (G-R) \\ e_B = (B-R) + (B-G) \end{cases} \tag{11-33}$$

分别求出强度差的最大值（即寻找画面中应该为纯红、纯绿、纯蓝色的点。可能是单个点，也可能是多个点）：

$$\begin{cases} e_R^{\max} = \max(e_R) \\ e_G^{\max} = \max(e_G) \\ e_B^{\max} = \max(e_B) \end{cases} \tag{11-34}$$

（2）在三个强度差分量 e_R、e_G、e_B 中，分别找出等于其最大值的像素，并分别求出其像素的均值矢量：

$$\begin{cases} \bar{r}_1 = \{\bar{r}|e_R = e_R^{\max}\} \\ \bar{g}_1 = \{\bar{g}|e_R = e_R^{\max}\} , \\ \bar{b}_1 = \{\bar{b}|e_R = e_R^{\max}\} \end{cases} \begin{cases} \bar{r}_2 = \{\bar{r}|e_G = e_G^{\max}\} \\ \bar{g}_2 = \{\bar{g}|e_G = e_G^{\max}\} , \\ \bar{b}_2 = \{\bar{b}|e_G = e_G^{\max}\} \end{cases} \begin{cases} \bar{r}_3 = \{\bar{r}|e_B = e_B^{\max}\} \\ \bar{g}_3 = \{\bar{g}|e_B = e_B^{\max}\} \\ \bar{b}_3 = \{\bar{b}|e_B = e_B^{\max}\} \end{cases} \tag{11-35}$$

将该三组点设为在没有颜色扩散的情况下，应该是纯红、纯绿、纯蓝色的点，即

$$p_1^* = (r*,0,0), p_2^* = (0,g*,0), p_3^* = (0,0,b*) \tag{11-36}$$

（3）然后构造彩色补偿变换矩阵如下：

$$\boldsymbol{A}_1 = \begin{bmatrix} \bar{r}_1 & \bar{r}_2 & \bar{r}_3 \\ \bar{g}_1 & \bar{g}_2 & \bar{g}_3 \\ \bar{b}_1 & \bar{b}_2 & \bar{b}_3 \end{bmatrix}, \quad \boldsymbol{A}_2 = \begin{bmatrix} r* & 0 & 0 \\ 0 & g* & 0 \\ 0 & 0 & b* \end{bmatrix} \tag{11-37}$$

（4）将计算得到的 $\boldsymbol{A}_1$、$\boldsymbol{A}_2$ 代入，进行彩色补偿。

设原图像的像素值为 $\boldsymbol{F}(x,y) = \begin{bmatrix} R_F(x,y) \\ G_F(x,y) \\ B_F(x,y) \end{bmatrix}$，则补偿后的新图像像素值为

$$\boldsymbol{S}(x,y) = \boldsymbol{C}^{-1} * \boldsymbol{F}(x,y) \tag{11-38}$$

其中

$$\boldsymbol{C} = \boldsymbol{A}_1 * \boldsymbol{A}_2^{-1}$$

图11-11显示了对一幅图像进行彩色补偿之后的效果图。

（a）原图像　　　　　　　　　　（b）彩色补偿后的图像

图 11-11　彩色补偿效果图

2. 彩色图像检测和分割

彩色图像分割是彩色图像处理中的重要问题，大部分灰度图像分割技术，如直方图阈值法、聚类、区域增长、边缘检测、模糊方法、神经网络等，都可以扩展到彩色图像分割中。所以彩色图像的分割方法可以看成灰度图像分割技术在各个颜色空间中的应用，如图 11-12 所示。

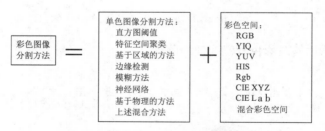

图 11-12　常用的彩色图像分割方法

虽然 RGB 颜色空间是广泛使用的颜色空间，但是相对于图像分割和分析而言，RGB 空间更适合于显示系统。这是因为 R、G、B 三个分量密切相关，只要亮度改变，这三个分量就都会相应地改变；而且 RGB 是一种不均匀的颜色空间，两种颜色之间的色差不能表示该颜色空间中两点的距离。因此，在很多情况下，先通过某种线性或者非线性变换将 RGB 空间变换到另外一个颜色空间中，再进行图像分割。

图 11-13 显示了利用梯度的方法对图像进行边缘检测的结果。其中图

11-13(a)是原图，图11-13(b)是通过计算梯度检测到的边缘。

（a）原图像　　　　　　　　（b）通过计算梯度检测到的边缘

图 11-13　边缘检测示例

11.6 OpenCV 实现

增加 3 个 Radio 控件（Caption：XYZ，YCbCr，HSV；ID：IDC_RA-DIO6，IDC_RADIO7，IDC_RADIO8）、一个按钮（Caption：色彩空间转换；ID：IDC_ CvtColor），并使用一个 Group 控件将上述控件按钮包括。

然后将第一个 Radio 控件（Caption：XYZ；ID：IDC_RADIO6）属性中的 Group 项改为 True，并为其添加一个 int 型的 Value 变量 m_ColorMode。运行结果如图 11-14 所示。

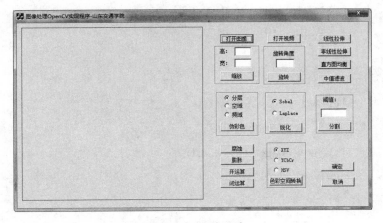

图 11-14　控件设计

为色彩空间转换按钮添加消息响应函数，根据单选框的选择情况，将原始图像由 RGB 色彩空间转换到 XYZ、YCbCr、HSV 空间，具体代码如下：

```
IplImage *dst;
dst=cvCreateImage(cvGetSize(m_ipl),m_ipl->depth,m_ipl->nChannels);
UpdateData();//获取单选框的选择情况，更新m_ColorMode的值
switch (m_ColorMode)
    {
    case 0://RGB->XYZ
        cvCvtColor(m_ipl,dst,CV_RGB2XYZ);
        cvNamedWindow("RGB");
        cvShowImage("RGB", dst);
        cvWaitKey(0);
        break;
    case 1 ://RGB->YCbCr
        cvCvtColor(m_ipl,dst,CV_BGR2YCrCb);

        cvNamedWindow("YCrCb");
        cvShowImage("YCrCb", dst);
        cvWaitKey(0);
        break;
    case 2://RGB->HSV
        cvCvtColor(m_ipl,dst,CV_BGR2HSV);
        cvNamedWindow("HSV");
        cvShowImage("HSV", dst);
        cvWaitKey(0);
        break;
    }
    cvReleaseImage(&dst);
```

void cvCvtColor(const CvArr* src, CvArr* dst, int code);

src：输入的 8bit、16bit 或 32bit 单倍精度浮点数影像。

dst：输出的 8bit、16bit 或 32bit 单倍精度浮点数影像。

code：色彩空间转换，通过定义 CV_<src_color_space>2<dst_color_space> 常数，函数 cvCvtColor 将输入图像从一个色彩空间（src_color_space）转换为另外一个色彩空间（dst_color_space）。函数忽略 IplImage 头中定义的 colorModel 和 channelSeq 域，所以输入图像的色彩空间应该正确指定(包括通道的顺序，对 RGB 空间而言，BGR 意味着布局为 B0 G0 R0 B1 G1 R1 … 层叠的 24bit 格式，而 RGB 意味着布局为 R0 G0 B0 R1 G1 B1 … 层叠的24bit格式)。函数做如下变换：

1. **RGB** 空间内部的变换：如增加/删除 alpha 通道，反相通道顺序，到16bitRGB彩色或者15bitRGB彩色的正逆转换(Rx5:Gx6:Rx5),以及到灰度图像的正逆转换，使用：

RGB[A]->Gray: Y=0.212671*R + 0.715160*G + 0.072169*B + 0*A

Gray->RGB[A]: R=Y G=Y B=Y A=0

2. **RGB<=>XYZ** (CV_BGR2XYZ, CV_RGB2XYZ, CV_XYZ2BGR, CV_XYZ2RGB):

|X| |0.412411 0.357585 0.180454|*|R|

|Y| = |0.212649 0.715169 0.072182|*|G|

|Z| |0.019332 0.119195 0.950390|*|B|

|R| = | 3.240479 -1.53715 -0.498535|*|X|

|G| = |-0.969256 1.875991 0.041556|*|Y|

|B| = | 0.055648 -0.204043 1.057311|*|Z|

3. **RGB<=>YCrCb**(CV_BGR2YCrCb，CV_RGB2YCrCb，CV_YCrCb2BGR，CV_YCrCb2RGB)：

Y=0.299*R + 0.587*G + 0.114*B

Cr=(R-Y)*0.713 + 128

Cb=(B-Y)*0.564 + 128

R=Y + 1.403*(Cr - 128)

G=Y - 0.344*(Cr - 128) - 0.714*(Cb - 128)

B=Y + 1.773*(Cb - 128)

4. **RGB=>HSV** (CV_BGR2HSV,CV_RGB2HSV) :

V=max(R,G,B)

S=(V−min(R,G,B))*255/V if V!=0, otherwise S=0

H= (G−B)*60/S, if V=R

H= 180+(B−R)*60/S, if V=G

H= 240+(R−G)*60/S, if V=B

if H<0 then H=H+360

使用上面从 0°～360° 变化的公式计算色调（hue）值，确保它们被 2 除后能适用于 8bit。

5. **RGB=>Lab** (CV_BGR2Lab, CV_RGB2Lab)：

|X| |0.433910 0.376220 0.189860| |R/255|

|Y| = |0.212649 0.715169 0.072182|*|G/255|

|Z| |0.017756 0.109478 0.872915| |B/255|

L = 116*Y1/3 for Y>0.008856

L = 903.3*Y for Y<=0.008856

a = 500*(f(X)-f(Y))

b = 200*(f(Y)-f(Z))

where f(t)=t1/3 for t>0.008856

f(t)=7.787*t+16/116 for t<=0.008856

6. **Bayer=>RGB** (CV_BayerBG2BGR, CV_BayerGB2BGR, CV_BayerRG2BGR, CV_BayerGR2BGR, CV_BayerBG2RGB, CV_BayerRG2BGR, CV_BayerGB2RGB, CV_BayerGR2BGR, CV_BayerRG2RGB, CV_BayerBG2BGR, CV_BayerGR2RGB, CV_BayerGB2BGR) Bayer 模式被广泛应用于 CCD 和 CMOS 摄像头。它允许从一个单独平面中得到彩色图像，该平面中的 R/G/B 像素点被安排如下：

R G R G R

G B G B G

R G R G R

G B G B G

R G R G R

G B G B G

对像素输出的 RGB 份量由该像素的 1、2 或者 4 邻域中具有相同颜色的点插值得到。以上的模式可以通过向左或者向上平移一个像素点来作一些修改。转换常量 CV_BayerC1C2{RGB|RGB}中的两个字母 C1 和 C2 表示特定的模式类型。

运行结果如下：

RGB → XYZ，如图11-15所示。

图11-15 RGB → XYZ空间转换结果

RGB → YCbCr，如图11-16所示。

图11-16 RGB → YCbCr空间转换结果

RGB → HSV，如图11-17所示。

图 11-17   RGB → HSV 空间转换结果

参考文献

[1] Rafael C. Gonzalez, Richard E. Woods 著. 阮秋琦，阮宇智等译. 数字图像处理（第二版）. 北京：电子工业出版社，2007年.

[2] Rafael C. Gonzalez, Richard E. Woods 著. 阮秋琦，阮宇智等译. 数字图像处理（第三版）. 北京：电子工业出版社，2011年.

[3] Gary Bradski, Adrian Kaehler 著. 于仕琪，刘瑞祯译. 学习 OpenCV（中文版）. 北京：清华大学出版社，2009年.

[4] Lvor Horton 著. 李颂华，康会光译. Visual C++2005 入门经典. 北京：清华大学出版社，2007年.

[5] 谭浩强著. C++程序设计. 北京：清华大学出版社，2004年.

[6] 夏良正，李久贤著. 数字图像处理（第2版）. 南京：东南大学出版社，2005年.

[7] 朱虹著. 数字图像处理基础. 北京：科学出版社，2005年.

[8] William K. Pratt 著. 张引，李虹等译. 数字图像处理（原书第4版）. 北京：机械工业出版社，2010年.

[9] 章毓晋著. 图像工程（第二版）. 北京：清华大学出版社，2007年.

[10] 章毓晋著. 图像工程（第三版）. 北京：清华大学出版社，2012年.

[11] 沈晶，刘海波，周长建等著. Visual C++数字图像处理典型案例详解. 北京：机械工业出版社，2012年.

[12] John C. Russ 著. 余翔宇等译. 数字图像处理（第六版）. 北京：电子工业出版社，2014年.

[13] 刘榴娣等著. 实用数字图像处理. 北京：北京理工大学出版社，2003年.

[14] 高守传，姚领田等著. VISUAL C++实践与提高：数字图像处理与工程应用. 北京：

中国铁道出版社，2006年.

[15] 贾永红等著.数字图像处理.武汉：武汉大学出版社，2010年.

[16] 朱秀昌等著.数字图像处理与图像通信.北京：北京邮电大学出版社，2008年.

[17] 刘榴娣著.实用数字图像处理.北京：北京理工大学出版社，2001年.

[18] 何东健著.数字图像处理.西安：西安电子科技大学出版社，2008年.

[19] 俞朝晖著.VisualC++数字图像处理与工程应用实践.北京：中国铁道出版社，2012.

[20] 赵书兰著.MATLAB R2008数字图像处理与分析实例教程.北京：化学工业出版社，2009年.